植物たちの戦争

病原体との５億年サバイバルレース

日本植物病理学会　編著

ブルーバックス

カバー装幀／芦澤泰偉・児崎雅淑
カバーイラスト／松川けんし
目次・扉デザイン／長橋誓子
本文イラスト／さくら工芸社

はじめに

我々、動物、そして植物も同じですが、そこから「生」が失われれば、瞬く間に、その体は無数の微生物たちの餌食となってしまいます。この厳粛な事実は、「生きている」ということが膨大な数の「微生物たちとの戦い」に他ならないことを、私たちに教えてくれます。

肉眼で見える世界は、動物が闊歩し、植物が地表を覆う、多細胞生物たちの王国のように映ります。しかし、畑の土を1gほど取れば、そこには100万種に迫る多様な微生物たちが、数にすれば20億は棲んでいると、2005年のサイエンス誌には報告されています。わずか数gの土の中には全世界の人類の数に匹敵する微生物がいるのです。この目に見えない「世界の真の覇者」たちが、日々、私たちにも、そして植物にも、襲いかかってきます。

本書のタイトルは「植物たちの戦争」という、やや物騒なものです。日の光を浴びて穏やかに暮らしているように見える植物の印象からは、縁遠いものにも感じますが、油断すれば、すかさず侵入してくる無数の微生物たちと、植物は日々「戦争」をしています。

近年の生命科学の発展によって、そういった植物と微生物たちの戦いの姿が、分子レベルで徐々に解き明かされてきています。それは静的な植物のイメージとはかけ離れた、ダイナミックで、巧妙で、驚きに満ちたものでした。

一つ例を紹介しましょう。ちょっとビックリするような話ですが、植物は侵入を試みてくる病原微生物を撃退する手段として、細胞の中に分子レベルの囮（おとり）を使った罠を仕掛けています。植物の細胞には、近づいてくる微生物を見つけるための「監視カメラ」のようなものが備わっていますが、侵入者である微生物はこっそりと忍び込むために、その「監視カメラ」の部品を壊したり、その後ろにある配線を切ったりしてきます。敵もさるもの、なかなか凶悪です。それに対して植物が進化の中で生み出したものが「ダミーの監視カメラ」、つまり囮です。

人間の住居でも、ダミーの監視カメラを設置するだけで、一定の防犯効果があるようですが、植物の「ダミー」はただのこけおどしではありません。凶悪な微生物がいつものようにこの「監視カメラ」を破壊しようとすると、この「ダミー」は警察への通報ベルに直結しており、触るや否やすぐに警官がかけつけ、御用となるのです。凶悪犯の手口を逆手にとった、実に巧妙な罠です。

また、巧妙というだけでなく、これが戦略的に優れているのは、防御反応（警察への通報のような）を開始するのに、個々の敵を峻別して認識する必要がないという点です。どんな泥棒であっても、監視カメラに見つかってしまえばお終いですから、やり方は違えど侵入するために、この監視カメラに対して何らかの工作をせざるを得ません。つまり侵入を成功させるための鍵となる場所に罠を仕掛けて異常を感知することにより、一つの仕掛けで種類の違ういろんな敵をまとめて防御することができるのです。哺乳動物では、無数の病原微生物に対して、個別の認識を可能とする特異的な抗体を作り出しますが、それとは対照的な戦略です。おとなしそうな顔をした植物が、細胞の中にこんな罠を仕掛けているとは、まったく驚きです。

ここでは比喩的に事例を紹介しましたが、本書ではこんな植物と病原微生物との戦いを、最新の研究成果をふんだんに織り込んで、その分子基盤に至るまで詳しく紹介しています。本書の執筆者は、日本植物病理学会という植物の病気を取り扱う学術団体に属す、一線の研究者たちです。この分野をよく知らない読者にも魅力が伝わるように基礎的なことから紹介していますが、新しい研究成果の解説では、最前線を実際に切り拓いている研究者の息づかいが伝わるような本になっていると思います。

本書を手に取って頂ければ、病気を防ぐためにさまざまな工夫を凝らす植物たちの意外な側面や、感染を成功させるためにあの手この手を使う微生物たちの進化の不思議さを、きっと感じて頂けることと思います。

◉目次

第3章 植物はどうやって病気から自らの身を守るのか　81

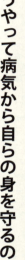

第4章 植物と病原微生物のはてしなき「軍拡競争」

序章

植物と病気と人間社会

緑が美しい5月の陽気に誘われて小路を歩いていると、生け垣のマサキが芽吹いています。表面が少しテカった濃緑に成長した葉っぱをよく見ると、何か粉を吹いたように葉の表面が白くなっている（図1右）、そんな様を目にしたことはないでしょうか？　このうどんの粉が吹いたような葉っぱは、実は病気の症状であり、その名もうどんこ病というものです。このうどんこ病は、カビ（真菌）の一種が植物に感染して引き起こしており、白い粉のように見えたのは、無数の胞子と菌糸の集合体です（図1左）。

私たち人間が風邪をひいたり、腹痛を起こしたりするように、実はありとあらゆる生命体（ウイルスを含めて）が病気になります。それはどことなくヘルシーなイメージのある（？）植物も例外ではありません。しかし、植物がどうやって病気になるのか、読者の皆さんはご存じでしょうか？　植物に病気を起こす病原菌は、我々ヒトや動物に感染する菌と同じなのでしょうか？　それとも何かまったく違う種類のものでしょうか？　また、植物は動けないし、免疫に必要な白血球や抗体も、それを全身に運ぶ血液ももっていません。では、いったい、どうやって病原菌から身を守っているのでしょう？

ペスト、天然痘、インフルエンザ。そういったヒトと感染症の戦いに長い歴史があるように、植物とその病原菌にも戦いの歴史があります。陸上植物が生まれてから約5億年といわれていますが、その長い時間、植物と病原菌は生死をかけた戦いを続けてきたのです。こういった植物と

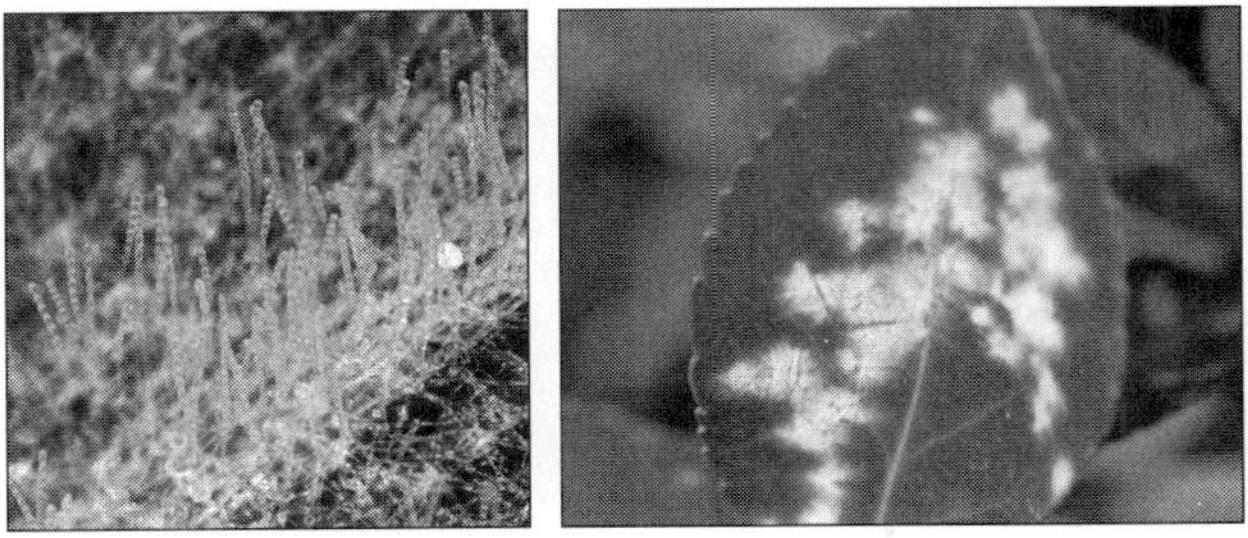

図1　うどんこ病
（写真右）マサキの葉に出たうどんこ病の病斑、（写真左）病斑の拡大図。コムギうどんこ病菌の胞子と菌糸

病原菌の関係を研究する学問分野を植物病理学といいますが、多くの研究者の努力により、その攻防の過程や仕組みが、分子レベルでどんどん解き明かされつつあります。本書では、そんな植物と病原菌の関係にフォーカスを合わせ、その驚くべき攻防の仕組みを、基礎的な話から最新の研究まで、たっぷりと紹介していきたいと思っています。

植物の病気なんて、農家の人しか関係ないんじゃないの？　と思う読者の方も多いかもしれません。しかし、人類が狩猟採集生活から脱却し、原始的な農業を始めたのは今から約1万年前のことと考えられていますが、それからの長い農耕の歴史の中で、人類は幾度となく植物の病気に苦しめられてきました。植物の病気が人類に与える最大のインパクトは、やはり農作物の減収を引き起こすことです。そして、時にそれは人間社会の構造までも大きく変えてしまいます。本書の序章として、植物の病気が引き起こした最大の悲劇と形容してもよい「アイルランドのジャガイモ飢饉」の紹介から、話を始めたいと思います。

アイルランドのジャガイモ飢饉

映画や小説で有名な『ハリー・ポッター』には、魔法や魔法生物がたくさん登場しますが、これは「ケルト神話」の影響を強く受けていると言われています。ケルト文明は紀元前のヨーロッパで栄えた文明で、ローマ帝国の隆盛と共に衰退していきますが、その独特で少し神秘的な文化の影響力は、今もヨーロッパ各地に見られます。その中でもアイルランドは、ケルト文化が色濃く残っている地域の一つです。

アイルランドはヨーロッパ本土から見れば辺境の小島であり、その歴史は他国から侵略を受け続けた苦難に満ちたものでした。近隣の島であるグレートブリテン、特にイングランドからは幾度となく侵攻を受け、中世以降、紆余曲折はあるものの実質的な植民地として支配され続け、1801年にはついに正式にイギリスに併合されてしまいます。このイギリス併合時代には、カトリック教徒であるアイルランド農奴を、イギリス国教会教徒である本国出身の地主が支配するのが一般的な社会の構図となっており、この構図が本項の主題である「ジャガイモ飢饉」にも実は深く関与しています。

当時のアイルランドは、オートムギ、オオムギやパンの原料となるコムギなどの穀物が栽培され、ウシやブタなどの畜産も盛んでした。しかし、イギリス本国の支配下にあったアイルランドでは、生産されるそういった穀物や畜産物は本国へと輸出され、そこに生活する農奴の口に入ることは、ほとんどなかったのです。貧しいアイルランドの農奴たちは、痩せた土地でもよく育つジャガイモを主食としていました。特に手をかけなくても高収穫を得られるジャガイモ品種が好まれ、主として栽培されていたのは1～2品種だったと言われています。それは性質の似たジャガイモばかりが育てられていることを意味しており、ちょっとした不利な環境の変化、たとえば、冷夏であったり、干ばつであったり、病気といったことが発生した場合に、すべてのジャガイモが同じようにやられてしまいかねない潜在的な危険性の高い状態でした。

ジャガイモ疫病菌の侵入

そのアイルランドに、北米からジャガイモ疫病菌（*Phytophthora infestans*）が侵入してきたのは、1845年のことでした。ジャガイモは原産地が南米のアンデス地方であり、それを15世紀末にスペイン人がもち帰ったことでヨーロッパでも栽培されるようになった作物です。そのためジャガイモに感染する疫病菌は、もともとヨーロッパには存在しませんでした。このジャガイモ疫病菌は胞子や菌糸を作るため形態的にはカビやキノコなどの真菌類に似ており、しばしば誤解

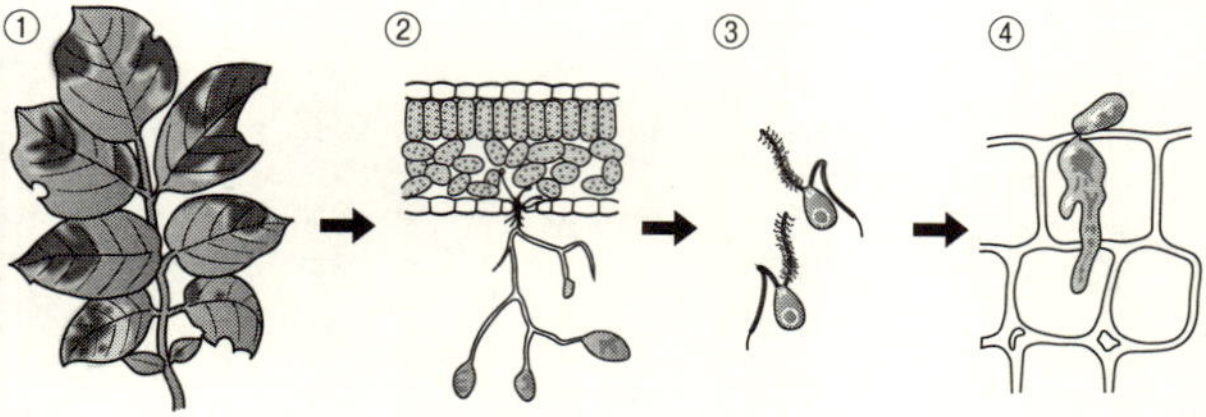

図2　ジャガイモ疫病菌の感染環

①植物上の病徴　②病徴の出た葉の裏側に遊走子のう（注1）が形成される　③遊走子が水中を移動する　④遊走子が新しい健全植物体に侵入する

されて「カビ」と表記されていますが、実際は真菌ではなく卵菌というグループに属します（第1章の図1-1参照）。

その学名の*Phytophthora*は、ギリシャ語で「植物の破壊者」を意味しており、感染が起こると、まず葉に水浸状の病斑が現れ、その裏面にはたくさんの胞子（遊走子）が作られます。症状が重い場合には、茎にも感染が起こって黒変し腐り、植物全体が枯死することになります。特に低温・多湿な条件下では遊走子の動きが活発になるため、病気が急激に蔓延して圃場（ほじょう）全体に壊滅的な被害を与え、まさに植物の破壊者となるのです（図2）。

1845年のアイルランドは、低温で霧や雨の多い、ジャガイモ疫病菌の蔓延にもってこいの環境でした。この年には、アイルランドだけでなく、ヨーロッパへの最初の疫病菌の侵入地と目されているベルギー、そしてフランス、ドイツ、オランダ、イングランドなどでも疫病の発生が報告されています。この年、アイルランドではジャガイモの収穫が疫病菌により25～30％ほど減収になったと記録されています。アイルランドの貧農にとって、３割の減収は大きな痛手でした。しかし、それは疫病の恐怖のほんの序章にすぎなかったのです。

地獄絵図

ここでご留意いただきたいことは、先に述べたようにアイルランド人にとって疫病の発生は初めての出来事だったということです。また、その当時、植物の病気が微生物によって起こるということさえ、科学的な知識として確立されていませんでした。だから、いったい何が起こったのか、どうすれば良いのか、誰もわからなかったのです。ジャガイモが枯れているのは、当時まだできたばかりの蒸気機関車の噴煙のせいではないかと言う人もいれば、プロテスタント教徒の中には、アイルランドのカトリック教徒に天罰が下ったのだと言う人もいたそうです。現在であれば、病気が発生すれば、罹病植物は圃場から徹底的に排除されますが、原因がわからなかったその当時は、疫病菌によって枯れたジャガイモの残渣の多くが土中に残されることとなりました。

このような状況の中、翌１８４６年には必然的にさらなる悲劇がアイルランドを襲うことになりました。この年、ジャガイモの収穫は75～97％の減収となったとされています。壊滅的な疫病の発生です。しかも、この壊滅的な状況が１８４９年まで４年間も連続して続くことになったの

図3 アイルランドの首都ダブリンに設置されているジャガイモ飢饉のモニュメント

です。パンやオートムギを食べていた本国のイギリスでは大きな影響はありませんでしたが、ジャガイモを主食としていたアイルランドの小作農たちには、この連続の疫病被害により、地獄絵図のような状況が訪れていました。

1845年の不作時から、わずかな貯えをはたいて彼らは食べ物を買い、さらに家畜を売り、家を売って、食べ物を求めました。しかし、連続する凶作に対してはなす術がなく、多くの人たちが餓死、あるいは栄養不足からコレラやペストなどに罹り亡くなりました。

その人数には、いくつかの推定値が出されていますが、少なく見積もっても100万人とされています。当時のアイルランドの人口は800万人ほどでしたから、10人に1人以上の割合であり、まさに地獄のような状況であったと思われます（図3）。

実際、この食べ物がない状況から逃れるために100万～150万人のアイルランド人が祖国

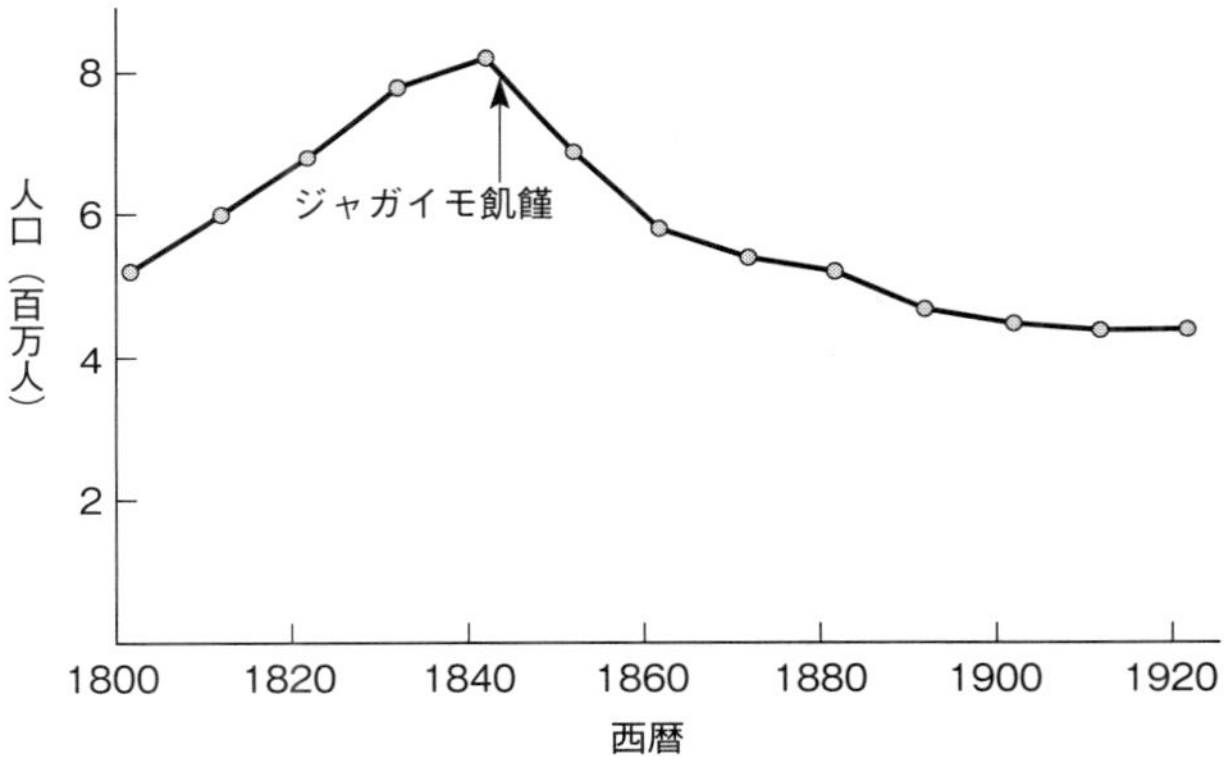

図4　アイルランドのジャガイモ飢饉前後の人口変化

を捨て、米国などの他国に移住しました。しかし渡航に使われた船は「棺桶船」とよばれる劣悪な環境で、移住を希望した者たちの15％ほどが船の中で亡くなったと言われています。ジャガイモ飢饉以前には約８００万人であったアイルランドの人口は、１８５０年代には約６００万人にまで激減しました。ごく短い期間に人口の25％が失われた計算になります（図４）。

アイルランドの社会構造

このような悲劇が起きたことには、いくつかの理由が重なっています。ジャガイモ疫病菌が初めてヨーロッパにもち込まれ、対処法もわからないまま、大きな被害をもたらしたことが、根本原因であったことは間違いありません。しかし、ジャガイモ以外の作物は普通に収穫されていたにもかかわらず、人口の25％もが失われる事態となったことは、当時のアイルランドの社会構造を抜きには考えられないことです。実際、この飢饉が起こった１８４５～49年の間にも、イギリスへの穀物や畜産物の輸出は続いており、畜産物の輸出にいたってはむしろ増加していたことが記録されています。飢餓で１００万人もの人が苦しみ亡くなっているアイルランドから、食料がイギリスへと運ばれていたのです。

当時、アイルランドはイギリスに併合された被占領地であり、アングロサクソンとケルト、イギリス国教徒とカトリック教徒といった民族、そして宗教的な差別構造が領主と農奴との間にあり、飢えている人たちを社会で一体感をもって救済しようとする政策が施されていませんでした。このイギリス政府の無策への反感が民衆の心に溜まったエネルギーとなり、１９２１年にアイルランドは再び独立を取り戻します（北アイルランドの一部を除く）。そして１９９７年にはついにイギリスのブレア首相（当時）が、飢饉当時のイギリス政府の対応を謝罪することとなりました。それはジャガイモ飢饉から約１５０年後にして初めての、イギリス政府からアイルランド国民へ向けての謝罪でした。アイルランドのブルートン首相（当時）も「その言葉は過去と率直に向き合うものであり、心の傷を癒やし未来につながるものである」と応えたといいます。

ジャガイモ疫病菌が「世界」にもたらしたもの

このアイルランドの悲劇は、単なる一地方の飢餓の話には終わらず、その後、世界的にさまざまな影響を与えることになりました。飢餓により国を追われた移民の多くが、新天地である米国へと渡りましたが、彼らは初期に新大陸に渡っていたイングランド系の入植者から迫害を受けながらもアイルランド系移民として独自の存在感を米国国内で築いていくことになります。現在ではその子孫は米国全土で３６００万人（人口の11％）にのぼるとも言われており、歴史的にはジョン・Ｆ・ケネディー、ロナルド・レーガンなどの米国大統領やディズニーの創業者であるウォルト・ディズニーなど、多方面にわたって人材を輩出しています。

しかし残念なことには、このアイルランドからの、特に貧困層の大規模な喪失は、この国に細々と残っていたケルト文化に大きな打撃を与え、ジャガイモ飢饉以降、アイルランドでケルト系の言語は衰退していくことになります。

目には見えない小さな植物の病原菌が、アメリカ大陸からヨーロッパに運び込まれてきた。実にささいに思えるこのことが、このように人間社会に大きな影響を与え、歴史や文化のありようまで変えてしまう。ジャガイモ疫病菌は、植物の病気がもつ影響力の大きさを実感させてくれる、特筆すべき例となっています。

（注1）遊走子のう……②の図にある胞子状の構造体は遊走子のうとよばれるもので、この中にたくさんの胞子（遊走子）が形成される。

第1章

植物の宿敵たち

病気はどうして起こるのか?

人類にとって、それは長い間の大きな謎でした。現代でも呪術師による「医療行為」は世界各地で行われており、日本でも今からわずか150年ほど前の明治初期には「人に呪いをかけると死刑」と法律で定められていました。それは当時、呪詛により実際に人の健康を害することができると信じられていた証左にほかなりません。病気が、天罰、祟りや人の呪い等で起こるとする考え方は、おそらく人類が「物を思う」ようになったときから、ずっと続いてきたのではないかと思います。

しかし19世紀に入ると、顕微鏡の普及で西洋において急速に進んだ微生物学の発展により、ルイ・パスツールのように病気の原因が微生物ではないかと考える研究者が出てきます。そして1876年にはドイツ人医師のロベルト・コッホにより、ヒトの炭疽病の原因が微生物（細菌）であることが、ついに証明されます。コッホは、結核やコレラなどの人類にとって脅威だった病気の原因が微生物であることを次々と証明していき、「感染症は微生物によって起こる」という考え方を確立します。

飢饉を引き起こす植物の病気も、長い間、原因がわかっていませんでした。人の病気と同じように、天罰のように思われていた記録も多く残されています。しかし意外に思われるかもしれませんが、植物の病気の原因は人の病気よりも早く、1860年代には微生物によるものと記述されていました。「植物病理学の父」とよばれているドイツのアントン・ド・バリーは、病気になった植物に特定の微生物が存在することを発見し、それがどのような生活環をもっているのか、詳細に観察して記録に残しています。植物の「宿敵」たちの姿が初めて捉えられた瞬間でした。

この章では、このド・バリーの発見以来、たくさんの研究者によって次々と明らかになった、さまざまな植物の「宿敵」たちの正体と、植物の病気を知るうえで必要な基礎知識をまとめてご紹介したいと思います。

1-1 植物に病気を起こす「微生物」

微生物とは何か

19世紀後半に得られた発見から、植物の病気も人間の病気も主に「微生物」によって起こることがわかりましたが、人間も植物も同じような「微生物」によって病気になるのでしょうか？　それとも人間と植物では、まったく違った種類の「微生物」が病原体になっているのでしょうか？　この問いに対する答えは、Ｙｅｓとも言えますし、Ｎｏとも言えます。それがなぜなのかお答えするために、まず微生物とは何なのか、という説明から始めたいと思います。

「微生物」という言葉は、特定の生き物を指した言葉ではなく、人間が目で見えないような小さな生き物たちをひっくるめて表現する、たとえば「動物」のような言葉です。動物の中にも、実際にはヒトもいれば、ゾウもいるし、ミミズもいれば、アメンボウだっています。それと同じように、「微生物」にはさまざまに異なった生き物たちが含まれており、そのバラエティーの幅は「動物」の比ではありません。

図1-1は近年のＤＮＡ情報に基づいて作られた全生物の系統樹ですが、生物はまず核膜で囲まれた核をもつ真核生物とそれをもたない原核生物の２つのグループに大きく分かれます。原核生物に含まれるのは細菌、古細菌の２つですが、これらはすべて微生物で、細菌の中には植物の病原菌が含まれています。一方の真核生物ですが、かつての五界説では「動物」、「植物」、「真菌」、「原生生物」の４つのグループで構成されることになっていました。

しかし、ＤＮＡ配列に基づいた分子系統解析では、「その他」的な扱いであった原生生物の中に、実はきわめて多様な生物群が存在することが明らかとなり、その中には動物や植物などと同じグループに属する、つまりそれらの祖先と考えられる、原生生物が含まれていることが判明しました。たとえば新しい分類体系では、動物は真菌とともに「オピストコンタ」というグループ

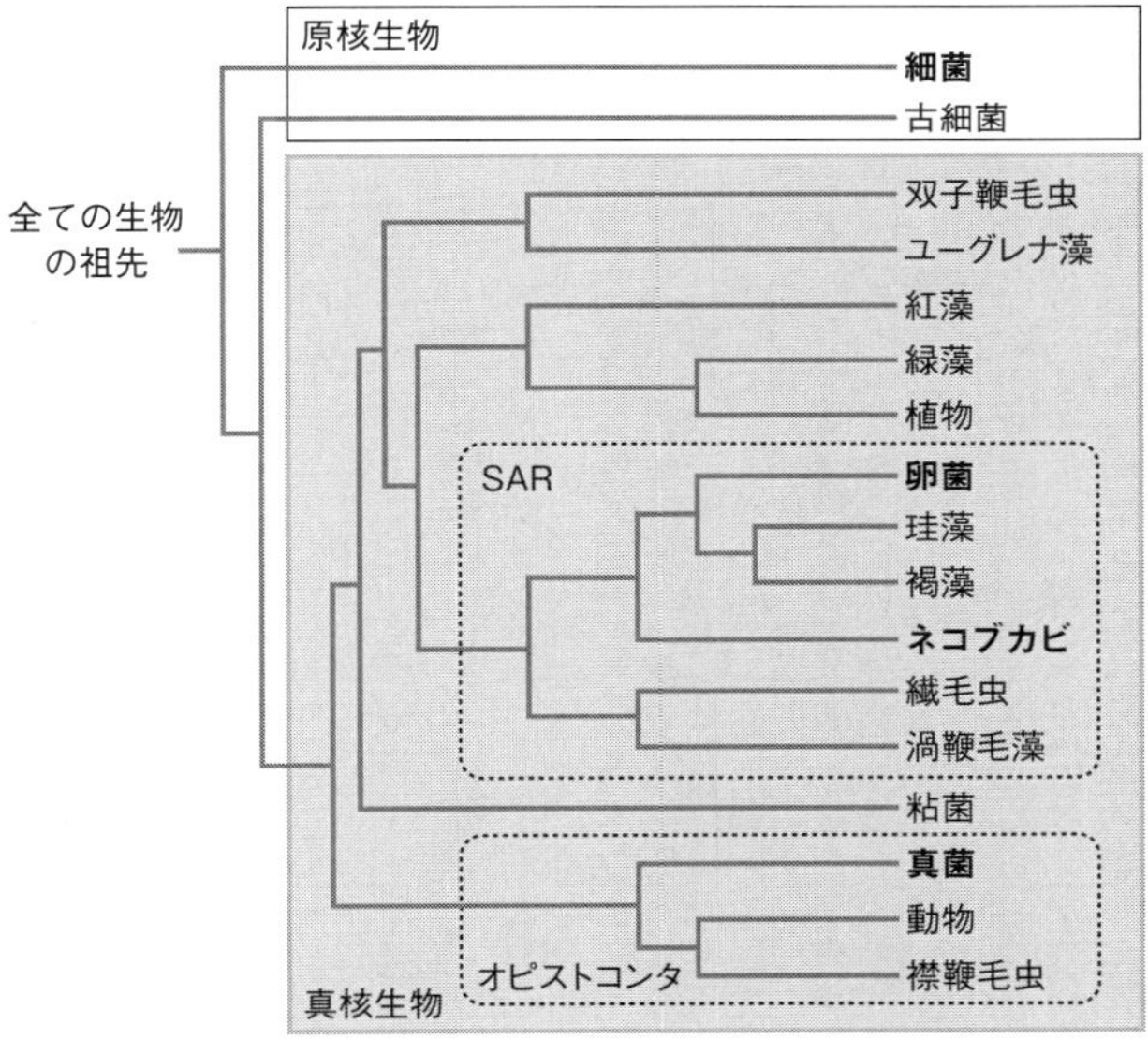

図1-1　全生物の系統樹
植物の病原菌を含むグループを太字で示した

に属しており、この中には単細胞生物である襟鞭毛虫（五界説では原生生物）も含まれています。つまり我々の祖先は、襟鞭毛虫のような単細胞生物だったということが推定されます。

　こういった新たな知見から想定される進化の道のりは、真核生物は単細胞の微生物であった間にすでに多様に分化しており、その中の特定グループの一部が極度に巨大化して動植物などの多細胞生物となったというものです（図1-1）。逆に言えば、真核生物全体を考えると、実はそのほとんどの系統が微生物ということになり、巨大化した一部の生物群に注目して作られた五界説では、真核生物の全体像をうまく説明できない状況になっています。

そんなこんなで真核生物の大分類は、現在、少し混乱している状況と言えますが、植物に病気を起こすという性質に着目して言えば、真菌やSAR[注1]とよばれるグループの微生物に、植物病原菌が含まれています。

また、「生物」ではないため系統樹の中には含まれていませんが、時に「微生物」とよばれることもあるウイルスも病原体としては重要です。ウイルスは細胞という構造をもっておらず、遺伝子となる核酸とそれを包むキャプシドというタンパク質の殻を基本構造としています。ウイルスの種類によってはその外側をエンベロープという脂質の膜が覆っている場合もあります（図1-2）。つまり、ウイルスの大摑みのイメージとしては、DNAやRNAなどが、細胞の外に飛び出して、ちょっと衣を被って病原体となっているとでも言えばよいでしょうか。

さらにウイルスに似た植物の病原体としてウイロイドが挙げられます。これはキャプシドをもたない、つまり裸のまま存在している250〜400塩基ほどのRNAであり、驚くべきことに、そのRNAにはタンパク質をコードする遺伝子が存在していません。ウイロイドは、現在知られている病原体の中でも、際立ってユニークな存在であり、遺伝子ももたない裸の短いRNAが、どうやって病気を起こしているのか、興味が惹かれるところです。

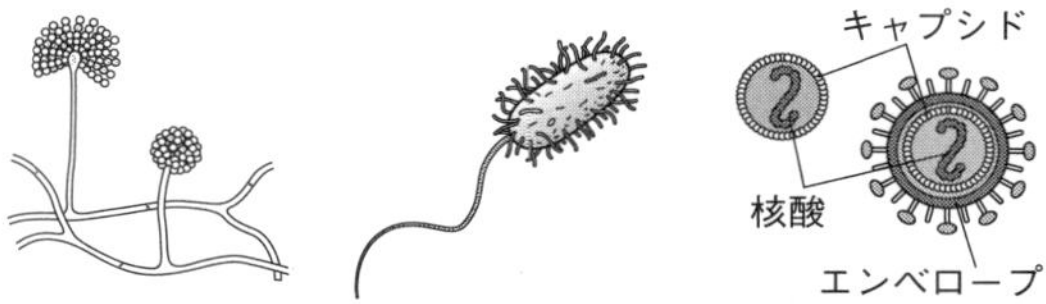

	真菌（糸状菌・カビ）	細菌	ウイルス
特徴	真核生物であり、多くが多細胞生物。菌糸や胞子など分化した細胞をもつ。細胞のサイズは数〜10μm	原核生物であり、多くが単細胞生物。二分裂で増殖する。細胞のサイズは0.5〜数μm	細胞構造をもたない。ゲノムであるDNAもしくはRNAとそれを包むキャプシドからなる（エンベロープをもつものもある）。大きさは数十〜数百nm

図1-2　植物に病気を引き起こす主な病原体

植物に病気を起こす「微生物」

さて、こういったさまざまな「微生物」の中で、植物の主な病原体となっているのは、真核生物の**真菌**（植物の病原菌は菌糸を形成するものがほとんどであるため**糸状菌**という用語が使われることが多い）、原核生物の**細菌**、そして**ウイルス**の3つです（図1-2）。それらよりマイナーなものとしては、**卵菌**（SAR）や**ネコブカビ**（SAR）、そして**ウイロイド**が挙げられます（図1-1）。

細菌とウイルスは、動物の病原体としても主要なものであり、また数はさほど多くありませんが、動物に感染する真菌も知られています。したがって、動物も植物もよく似たグループの「微生物」、つまり真菌、細菌、ウイルスによって病気になっているといえますが、たとえば同じ細菌とはいっても、動物に病気を起こす菌と植物に病気を起こす菌は基本的に別種であり、同一の菌が動物でも植物でも重篤な病気を起こす例は知られていません。つまり動物と植物に病気を起こす「微生物」は、大きなグループとしては同じでも種が違っているということになります。

植物の病原体に際立って特徴的なこととしては、糸状菌によって起こる病気が大部分であることです。ヒトの病原体は、細菌とウイルスが大部分であり、真菌による病気は白癬（はくせん）（水虫・たむし）やカンジダ症など、ごく限られた例しか知られていません。一方植物では、2018年現在433の植物種で、計1万802種類の植物病害が日本で報告されていますが、そのうち8217種が糸状菌、714種が細菌（ファイトプラズマを含む）[注2]、679種がウイルス（ウイロイドを含む）を病原体としています。つまり植物の場合は、微生物で起こる病気の80％以上が糸状菌によって引き起こされます。なぜ、植物では糸状菌による病気が多いのか？　これは興味深い疑問ですが、その謎は第2章や第5章で、その一端が解き明かされていくことになります。

一つご注意いただきたいのは、植物の病気には、微生物によらないものもあります。代表的なものとしては、植物に寄生する植物（ヤドリギなど）や線虫などです。また、ヒトでも栄養失調やビタミン不足などで病気になることがあるように、植物の病気にも病原体が原因になっていないものがあり、総じて**生理障害**とよばれています。土中の特定の元素、たとえば窒素やリン酸、またより微量な鉄、マグネシウム、ホウ酸などの過不足によって起こります。田んぼや畑で、植物が黄色になっていて何かの伝染病のように見えても、実際は生理障害を起こしているだけということは、しばしばあります。ただし、本書では病原菌によらない病気については、詳しく取り扱いません。

植物の病原菌は、これまで述べてきた分類学的な観点からだけではなく、宿主植物との栄養授受の様式からもいくつかのグループに分けられており、本書でも頻出する概念となっているため簡単に説明しておきます。

絶対寄生菌：寄生者である植物病原菌の中には生きている宿主細胞の中でのみ増殖可能であるものがおり、それらを絶対寄生菌と呼びます。このグループの病原体は人工的な培地や枯れた植物組織内などでは、生きていくことができません。糸状菌では、序章で紹介したうどんこ病菌やさび病菌が、典型例として知られています。細菌ではファイトプラズマとよばれる一群がこのグループに入ります。また、菌ではありませんが、ウイルスやウイロイドも宿主細胞の中でのみ増殖可能ですので、概念的にはこのグループの仲間と言えます。

条件的腐生菌：自然界の微生物の中には、枯れた落ち葉や動物の遺体などを利用して生きているものが多くおり、それらは**腐生菌**とよばれています。条件的腐生菌という用語は、通常宿主植物に寄生しているけれど、条件によっては腐生的な生活もできるという菌を指しており、多くの植物病原菌がこのグループに入ります。また、腐生生活が主で、寄生もできるという菌を指すときに、条件的寄生菌という言葉が使われることもあります。

殺生菌：生きた細胞にしか寄生できない絶対寄生菌とは対照的に、宿主細胞を積極的に殺傷してから栄養を摂取する菌を表す用語です。特に強力な毒素や酵素を分泌する菌を指すことが多く、代表例としては、第2章で紹介するアルタナリア属菌（黒斑病などの病原菌）などが挙げられます。

では、こういった一旦、植物への病原性を獲得した病原体は、どんな植物にでも感染できるようになるのでしょうか？　いいえ、実際はそうではありません。植物の病原菌であっても、感染できる宿主植物の範囲は、一般的にはきわめて限られています。まれに広範囲の植物種に感染できる**多犯性**の病原菌も存在しますが、イネの病原菌はイネにだけ、キュウリの病原菌はキュウリにだけ感染できるのが一般的であり、これを**宿主特異性**とよびます。この宿主特異性がなぜ生まれるのか？　というのが、この分野の重要なテーマであり、本書でも大いに論じられることになります。

特定の植物――病原菌の関係を菌側から見た場合、宿主植物に感染できる菌を**親和性菌**、感染できないものを**非親和性菌**とよびます。また逆に、特定の菌に対する宿主の反応から区別する場合には、発病を許してしまう宿主植物のことを**感受性**、発病を許さない宿主を**抵抗性**とよびます。こういった用語は本書でも頻出しますので、ご記憶に留めておいてください。

(注1) **SAR**……SARスーパーグループともよばれ、ストラメノパイル（Stramenopiles）、アルベオラータ（Alveolata）、リザリア（Rhizaria）という下位の3つの分類群の頭文字を取って命名されている。

(注2) **ファイトプラズマ**……細胞壁を欠く、形態的に多形性を示す、培地上での人工培養が困難、といったユニークな特徴をもつ一群の細菌である。ウイルスの一種ではないかと疑われた時期もあり、研究の歴史的な経緯から一般の細菌と区別して扱われることもある。第6章で詳しく解説している。

1-2 どんな植物の病気があるのか

日本国内で発生する主な植物の病気

本章の最後に日本で発生する植物の病気にどんなものがあるのか、変わり種も含めて、いくつか具体的に紹介したいと思います。読者の皆様の中にも、言われてみれば見たことがある、というものが含まれているかもしれません。

イネいもち病

稲作を中心としている日本の農業にとっての最大の脅威がこのいもち病です。イネが熱病に罹ったようだということから、漢字では稲熱病と表記されます。古くからこの病気により数々の飢饉が日本全国で引き起こされており、江戸時代の天明・天保の大飢饉は特に有名です。比較的最近の例で言えば、１９９３年の冷害に伴って、東北地方を中心として大発生しました。この際にも、国内のお米が不足してタイ米などの緊急輸入につながっており、現代でもいもち病が恐ろしい病気であることが改めて認識される事態となりました。

この病気は、*Pyricularia oryzae*という条件的腐生菌の糸状菌によって起こります（図1-3）。この病気に罹ったイネの葉では、紡錘状の病斑が現れます。しかし、もっとも恐ろしいのは、出穂期に穂首が感染する穂首いもちで、ここがやられるとその後は穂に栄養がいかなくなり、白く枯れた穂となってしまうため、収穫に大きな被害をもたらすことになります。

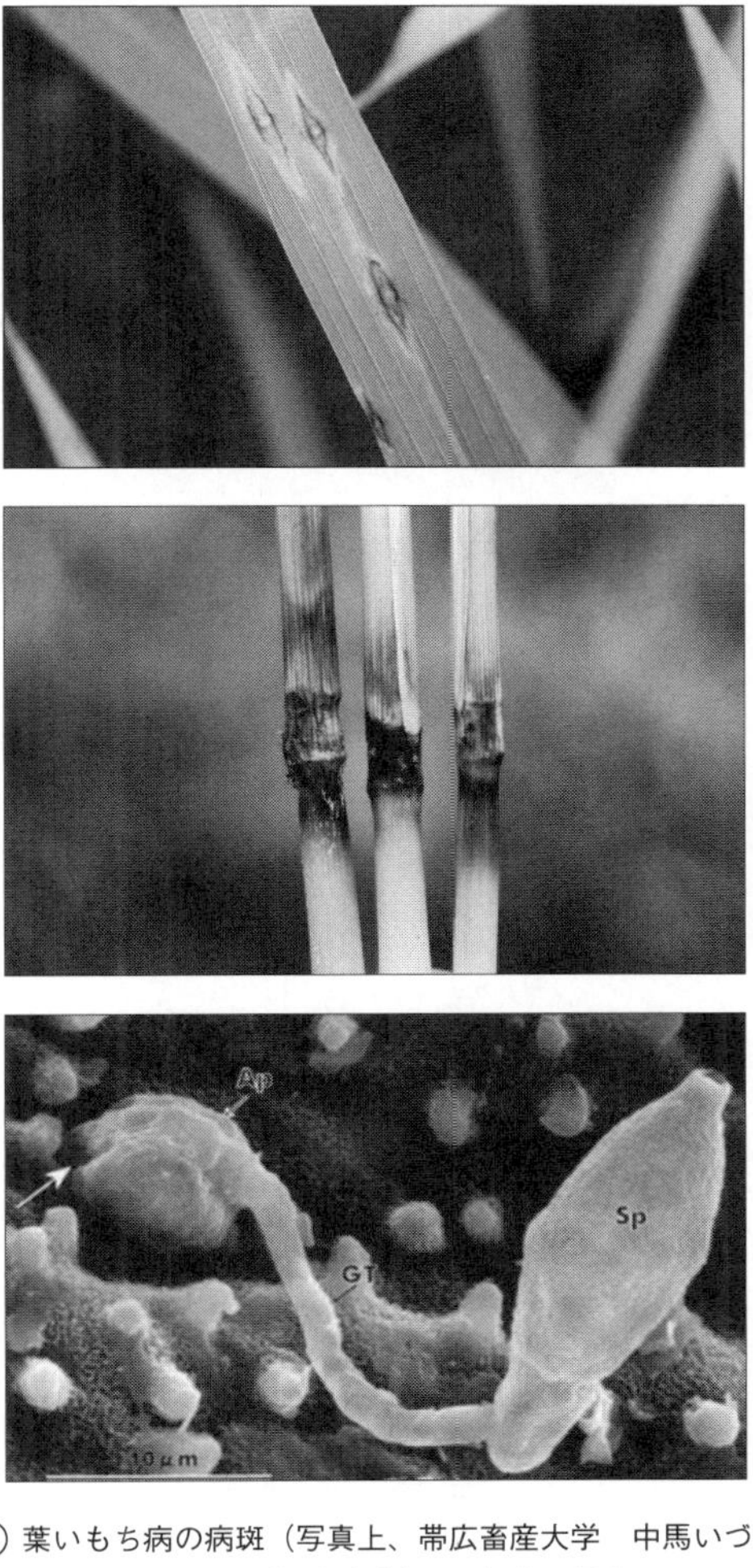

図1-3 葉いもち病の病斑（写真上、帯広畜産大学　中馬いづみ先生提供）と穂首いもち病の病斑（写真中央）、イネ葉に侵入しているいもち病菌の電子顕微鏡写真（写真下、石川県立大学　古賀博則先生提供）

さび病

さび病はその名のとおり、鉄さび色（白や黒などほかの色の場合もある）の粉が吹いたような病斑が特徴となるもので、野菜、草花、果樹、庭木など多くの植物に発生します。さび病に罹ると発育が悪くなり、落葉が起こったり、まれに植物が枯れてしまうこともあります。この病気の病原菌は、サビキン目（Pucciniales）に属する複数の糸状菌種ですが、すべて絶対寄生菌です。また、さび病の病原菌種は数が多いものの、各々が感染できる植物は決まっており、特定の宿主植物との特異的な関係を進化の過程で築いてきたことがわかります。

この菌に特徴的なこととしては、季節によって感染する宿主植物を変える、**異種寄生**または**宿主交代**とよばれる、一風変わった生活環をもつものが、含まれていることです（詳細は第5章参照）。宿主を変える場合、経済上重要でないほうの宿主が**中間宿主**とよばれます。たとえば、さび病の一種であるナシ赤星病では、夏にナシ（図1-4）、冬に庭木のビャクシン類に寄生しますが、ビャクシンのほう

図1-4 ナシ赤星病の病斑

が中間宿主とよばれることになります。

べと病

ウリ科やアブラナ科を中心として多くの野菜に発生する病害で、特に梅雨などの湿度が高いときに蔓延しやすく、病斑がべとついた感じになるので「べと病」とよばれます（図1-5）。病状が進行すると葉全体が黄色くなって、植物全体が衰弱します。この病気は、疫病菌と同じで卵菌とよばれる微生物によって引き起こされます。べと病の場合はツユカビ科（Peronosporaceae）に属する5属の菌が主な病原体です。

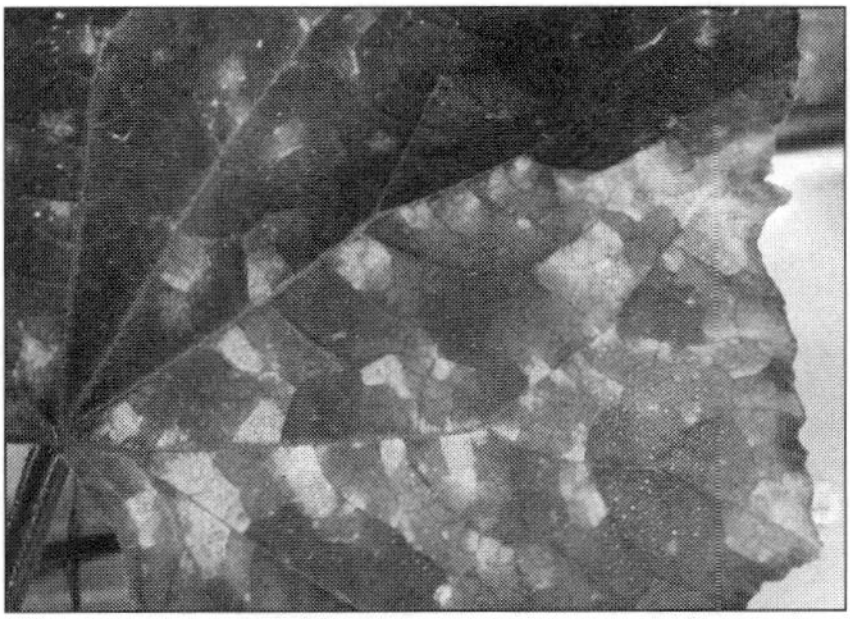

図1-5　キュウリべと病の病斑
（帯広畜産大学　中馬いづみ先生提供）

おもしろいことに卵菌は、コンブやワカメなどの葉緑体を有する褐藻と同じストラメノパイルとよばれる生物群に属しています。実際、卵菌類もかつては褐藻と同じように葉緑体をもち光合成をしていたと考えられていますが、べと病菌は現在ではそういった独立栄養生物の要素はまったくない絶対寄生菌になっています。少し不思議な話です。

青枯病

青枯病は細菌が起こす植物の病気の代表例であり、*Ralstonia solanacearum*という菌によりナス科植物などの重要な作物に農業上深刻な被害をもたらします。青枯病の名は、罹病した植物が青々としたまま急速に枯れてしまうため、そうつけられています（図1-6）。この菌は植物の維管束内で増殖し、大量に細胞外多糖を生産しますが、これが維管束の通水を悪化させることで、このような病徴を示すとされています。

図1-6 健康なトマト（右）と青枯病に罹病したトマト（左）（帯広畜産大学　中馬いづみ先生提供）

植物の病原菌は、一般的には非常に限られた宿主植物にのみ病気を起こしますが、本細菌は多犯性で複数の植物を宿主とすることができ、33科100種以上の植物で病害発生の報告があります。

キュウリモザイク病

Cucumber mosaic virus（CMV）というRNAウイルスによって起こる病気です。ウイルスが原因となる植物の病気は、種類は違えど共通する特徴を示すことが少なくなく、代表的なものが葉に濃緑と淡緑の領域がモザイク状に現れるモザイク症です（図1-7）。

○○モザイク病と名付けられたものは、おおむねウイルス病と思っていただいて間違いありません。このほかにも植物全体が縮んでしまう萎縮症状も多くのウイルス病で共通して見られます。CMVの場合も、感染が進むと植物の生育が著しく抑えられて、時には枯死することもあります。

CMVはウリ科を中心としてナス科やアブラナ科など、農業上重要な作物に被害を与える多犯性のウイルスです。このウイルスは三つ子のように、3つのウイルス粒子がセットになっており、全部揃って初めて病気を起こすことができるというユニークな特徴をもっています。

図1-7　CMVに罹病した植物のモザイク病斑
（北海道大学　増田税先生提供）

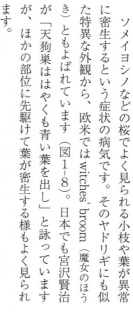

図1-8 サクラのてんぐ巣病
（森林総合研究所　秋庭満輝氏提供）

てんぐ巣病

ソメイヨシノなどの桜でよく見られる小枝や葉が異常に密生するという症状の病気です。そのヤドリギにも似た特異な外観から、欧米ではwitches' broom（魔女のほうき）ともよばれています（図1-8）。日本でも宮沢賢治が「天狗巣ははやくも青い葉を出し」と詠っていますが、ほかの部位に先駆けて葉が密生する様もよく見られます。

実はてんぐ巣病とよばれるものの中には、分類学的にかなり性格の異なった病原菌によって起こっているものが含まれており、この病気の名はその総称ということになります。もっともよく知られているサクラてんぐ巣病の病原菌は糸状菌の *Taphrina wiesneri* ですが、ツツジでは *Exobasidium pentasporium*、またキリなどではファイトプラズマによって起こることがわかっています。キリのてんぐ巣病は第6章で詳しく紹介します。

黒穂病

世の中にはガチョウの脂肪肝であるフォアグラのように、病的な組織を食す文化がありますが、植物の罹病組織が好んで食べられる例も知られています。その中でももっとも有名なのは、メキシコの「ウイトラコチェ」です。これは*Ustilago maydis*という糸状菌の感染が原因となる黒穂病(くろぼ)によって、トウモロコシの実が肥大してキノコのようになった部分を食材にするもので、“メキシカン・トリュフ”ともよばれています。

これと似た話として、日本にも「マコモダケ」という珍味があります。これはイネ科植物のマコモの若い茎が、やはり黒穂病菌の感染により肥大している部分を食材にするものです。中華料理にも使われていて、タケノコに似た食感です。また、黒穂病菌は、その名のとおり、成熟すると真っ黒な胞子を作りますが、かつてはこの真っ黒な胞子を「マコモズミ」とよび、お歯黒などに使っていたことも知られています。

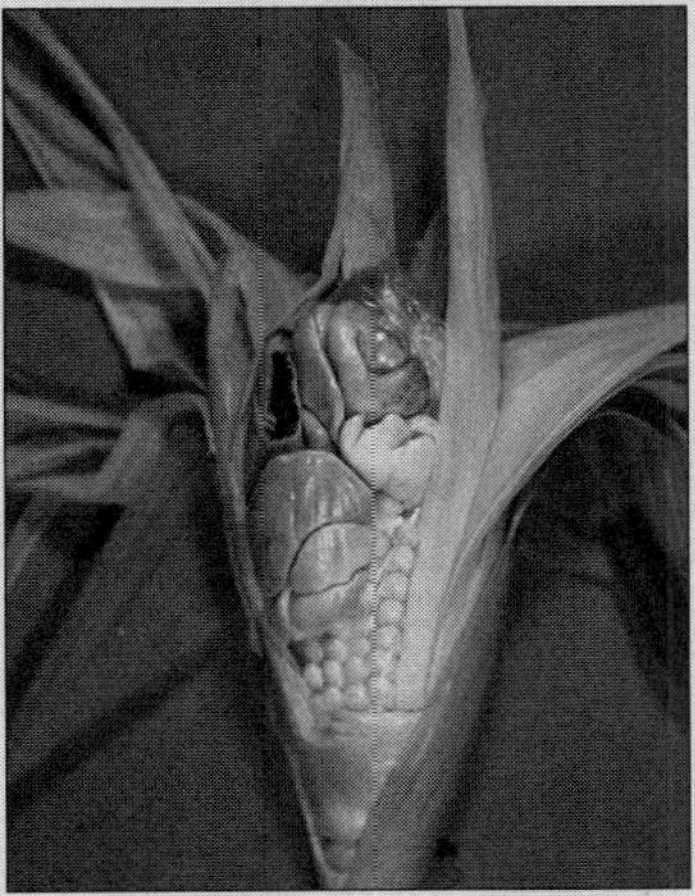

黒穂病の感染で肥大したトウモロコシ
（西日本農業研究センター　月星隆雄博士提供）

ここまでいくつか植物の病気を紹介してきましたが、先に述べたように記載されている植物の病気には、日本だけで1万802種類もあります。たとえば、イネという一つの植物種でも148種の病気が知られています。「男は敷居を跨げば七人の敵あり」という諺（ことわざ）がありますが、植物の敵は7人どころではありません。このような多くの、しかも見えない敵に対して、植物はどのように戦ってきたのか？　次章以降、詳しく紹介していきます。

第2章
植物病原菌はどうやって病気を起こすのか

孫子の兵法にも「彼を知り己を知れば百戦殆うからず」とありますが、本章では、まず病原菌がどうやって病気を起こすのか、ということを紹介したいと思います。前章で述べたように、植物に病気を起こす病原体には、分類学的に異なった多くの「微生物」が含まれており、彼らは自分たちの特性に合わせて、多様な戦略で植物に侵入し、病気を引き起こします。ただ、限られた紙面では、そのすべてを紹介することはできませんので、ここでは植物病原菌の大部分を占める糸状菌（真菌）に話を絞り、そのメカニカルな感染の侵入様式と特定の宿主への感染を可能とする毒素を使った戦略について解説していきます。

2-1 病原菌の武器——宿主特異的毒素

特定の植物にだけ働く毒素

植物の表面には、空中を飛散する微生物が絶え間なく降り注ぎ、根の表面にも土壌に生息する多種多様な微生物が付着しています。植物は、身の回りの莫大な数の微生物から身を守るために、微生物の植物組織への侵入を阻止する能力、傷などから微生物が侵入した場合にもただちにその増殖を阻止する能力を本来備えています。植物の微生物に対する「生体防御」、すなわち**抵抗性**です。

一方、病原菌は、植物に侵入し、定着・増殖し、それぞれの病気に特徴的な病徴を引き起こすために、植物の抵抗性に打ち勝つための能力を身に付けました。病原菌のこのような能力を**病原性**とよびます。病原菌が病原性を発揮するためには、感染のそれぞれのステージで働く、多くの武器が必要です。

植物病理学のもっとも大きな研究課題の一つは、この「抵抗性」と「病原性」のせめぎあいの結果、宿主特異性がどのように決まっているのかという謎を解くことです。第4章でもこの謎をめぐる植物と病原菌の進化的な駆け引きを詳しく述べますが、ここではよりシンプルな病原菌の戦略について紹介します。それは病原菌が宿主植物だけに効果があり、抵抗性を打破するような武器を手に入れることです。微生物の進化の過程で、このような特に強力な武器を手に入れたもののだけがそれぞれ特定の植物の病原菌になったと考えられる例があるのです。

その宿主特異性をも決める植物病原菌の強力な武器は何か？　多くの研究者がその実体を追い求めてきました。その中で発見されたのが、〝**宿主特異的毒素**（host-specific toxin、ＨＳＴ）〟です。宿主特異的毒素を生産することが確認されている病原菌は、一部の糸状菌ですが、後述するように、それらは宿主特異性のメカニズムだけでなく、病原菌がどうやって誕生したのかを研究するためのモデルとしても魅力的な存在となっています。

宿主特異的毒素の発見

宿主特異的毒素は、1933年、日本人学生の卒業論文研究によって世界に先駆けて発見されました。1900年代に入って栽培が始まったニホンナシ品種「二十世紀」は、高品質の新品種として注目されていました。しかしながら、栽培が始まってまもなく、葉や果実に黒色斑点が生じる病気（ナシ黒斑病）が発生し、大きな問題となっていました（図2-1上）。

なお、従来の品種にはこのような病気は発生していませんでしたので、黒斑病は「二十世紀」だけが感染する新しい病気でした。当時、京都帝国大学の学生であった田中彰一は、卒業論文でこの病気の研究に取り組みました。まず、原因となる病原菌が糸状菌であることを突き止め、アルタナリア・キクチアナ（*Alternaria kikuchiana*）と命名しました。研究を進める中で、黒斑病菌を培養した液（培養液）を「二十世紀」と病気に感染しないナシ品種である「長十郎」の幼果や葉に処理すると、「二十世紀」だけに黒色の激しい壊死が引き起こされることを発見しました（図2-1下）。病原菌の武器として、菌が植物毒素を生産することはすでに知られていましたが、これまでに見いだされていた毒素はどれも宿主植物だけでなく宿主でない植物にも毒性を示す、いわゆる非特異的毒素でした。非特異的毒素は、病原菌が感染し、最終的に引き起こされる病徴の

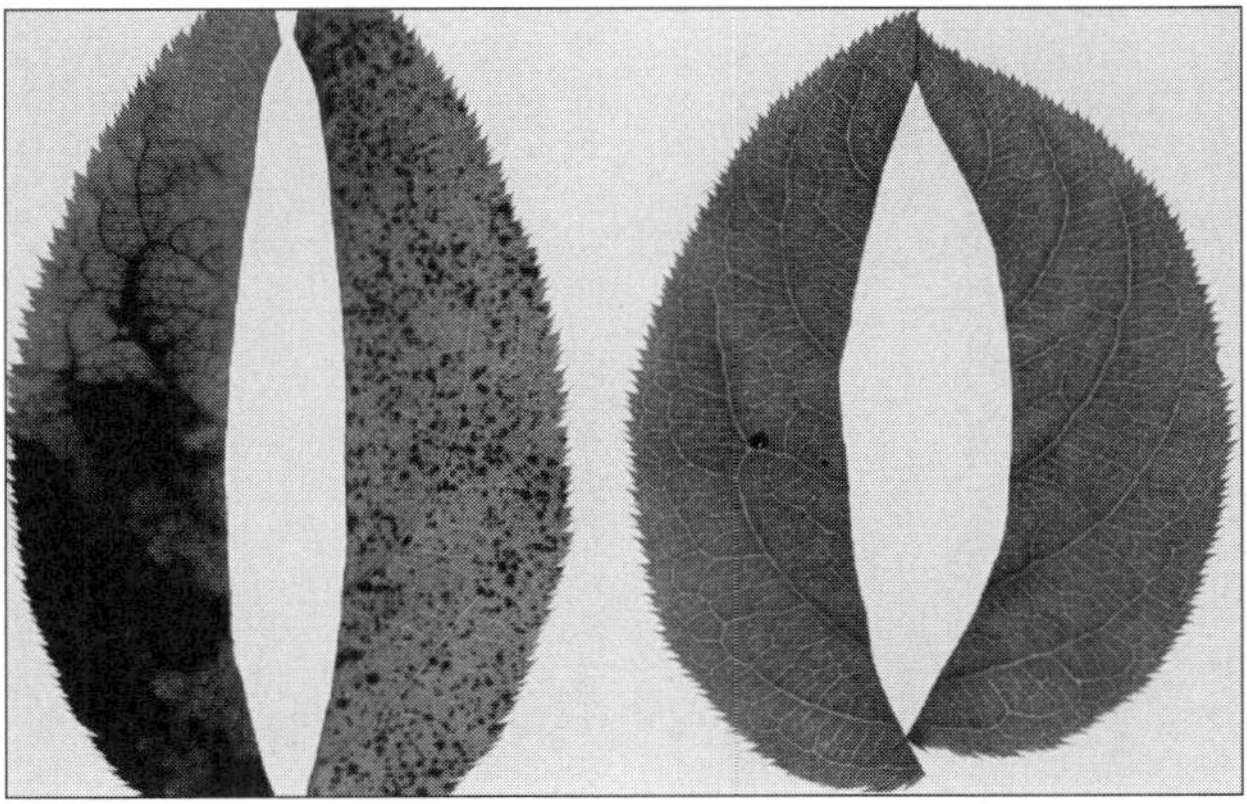

二十世紀ナシ（感受性）の葉　　　長十郎ナシ（抵抗性）の葉

図2-1「二十世紀」に発生した黒斑病の自然病徴（上）と黒斑病菌の宿主特異性（下）

下の写真では、左半葉の中央に傷をつけ、菌の培養液をドロップ、右半葉には胞子を噴霧接種。24時間後の写真原因となる物質と考えられています。

一方、黒斑病菌が生産する毒素（後にＡＫ毒素と命名）は感受性品種だけに毒性を示すことから、それまでまったく不明であった病原菌の宿主特異性を決める物質（武器）となるもので、画期的な発見でした。この研究成果は、京都帝国大学農学部紀要に英文で発表されましたが、当時はまったく反響をよびませんでした。宿主特異的毒素が注目されるようになったのは、その14年後のことになります。

１９４０年代、米国では、エンバクの重要病害である冠さび病に抵抗性のビクトリア系統が育成されました。冠さび病に感染したエンバクの葉は、病原菌が大量に形成するオレンジ色の胞子によって、赤くさびたようになり、深刻な被害を受けます。そのため、この病気に抵抗性のビクトリア系統が、広く栽培されるようになりました。ところが、この冠さび病菌に抵抗性の系統だけが感染する新しい病気（ビクトリア葉枯病）が発生しました。１９４７年、米国のフランシス・ミーハンとＨ・Ｃ・マーフィーは、この病気を引き起こす糸状菌（*Cochliobolus victoriae*）の培養液にビクトリア系統だけを枯らす毒素（後にビクトリンと命名）が分泌されていることを発見し、サイエンス誌に発表しました。さらに１９６１年、米国のロバート・シェファーらは、モロコシミロー病菌（*Periconia circinata*）の培養液からミロー病に感受性のモロコシ品種だけに効く毒素（後にＰＣ毒素と命名）の存在を発見し、ネイチャー誌に発表しました。１９６４年、シェファーらは、宿主植物だけに活性を示す病原菌の毒素についてまとめた論文を発表し、その中でこのような毒素を「host-specific toxin」（宿主特異的毒素）と命名しました。

この論文が準備されていた当時、シェファーのもとに留学中であった、後に我が国の宿主特異的毒素研究を牽引することになる西村正暘（しょうよう）によって、田中のナシ黒斑病研究が紹介され、この論文にも取り上げられました。西村がこの時期に留学していたという偶然に加え、田中が卒業論文を英文で発表していたことが、宿主特異的毒素の最初の発見者として評価されることにつながりました。この成果は、２０００年に米国植物病理学会がまとめたこの分野の20世紀10大発見の一つにも挙げられていますが、外国の研究者は、まさかこれが卒業論文研究の成果だとは思っていないでしょう。

宿主特異的毒素の病原性における役割

１９６４年に発表された宿主特異的毒素に関する論文の中でシェファーは、その特徴として、①宿主植物にのみ毒性を示すこと、②病原菌の毒素生産性の有無と病原性の有無が一致すること、③植物の毒素感受性と病害感受性が一致すること、すなわち毒素に感受性のある植物だけに、毒素生産菌が感染することを挙げています。その後、宿主特異的毒素が菌の胞子発芽時、すなわち植物細胞に侵入する前に生産・放出されることが見いだされ、病原性における毒素の決定的な役割が浮き彫りにされました。

宿主特異的毒素を生産する菌の胞子は、水があれば宿主、非宿主どちらの植物の葉上でも同じように発芽し、**付着器**を形成します（図2-2）。付着器とは、植物表面に形成されるドーム状の特殊な細胞で、詳しくはこの章の後半で説明します。宿主植物では、発芽胞子から分泌される毒素によって、細胞機能に異常が引き起こされるため、抵抗性が抑制され、菌が感染できるようになります（図2-2A）。一方、抵抗性の非宿主植物では、毒素が効かないため、抵抗性反応によって菌の侵入が阻止されます（図2-2B）。また、病原菌が毒素生産能力を失うと、抵抗性を抑制することができず、侵入能力を失います（図2-2C）。毒素を生産しない菌株の胞子に毒素を添加すると、あたかも病原菌のように毒素感受性の植物に侵入するようになります（図2-2D）。このような機能により、宿主特異的毒素は単に病徴にかかわる物質ではなく、菌が植物に感染できる条件を整える因子（感染誘導因子）として位置づけられるようになりました。

宿主特異的毒素は病原菌の宿主特異性を説明することができる魅力的な存在であるため、1960年代後半から、宿主特異的毒素ハンティングの時代に突入しました。1970年代には、その後の研究の中心となる宿主特異的毒素のほとんどが発見され、これまでに20例が報告されています。ここでは、我が国の研究者を中心に研究が進められてきたアルタナリア・アルタナータ（*Alternaria alternata*）菌の毒素について紹介します（図2-3）。

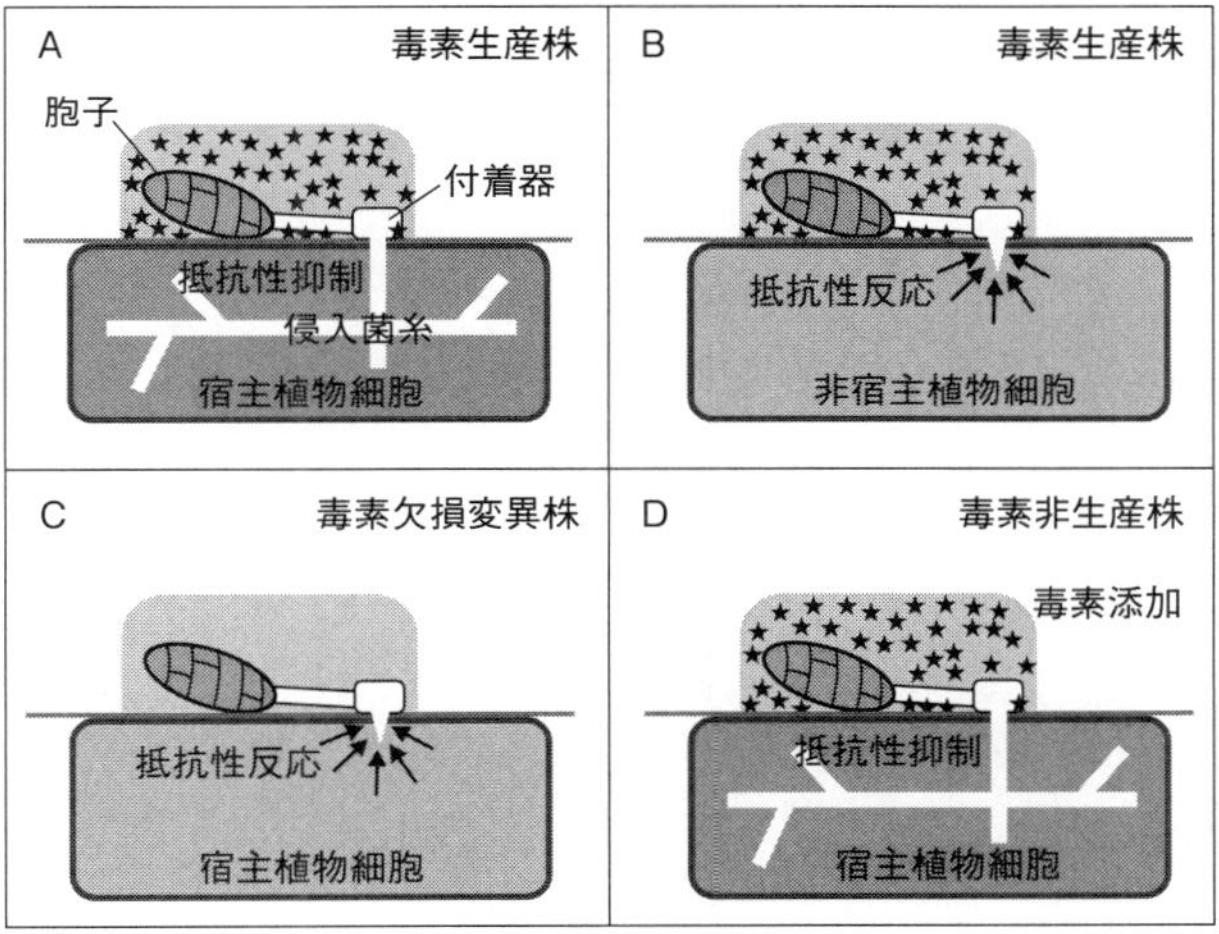

図2-2　宿主特異的毒素の病原性における役割

宿主特異的毒素を生産する菌の胞子は、水があれば宿主植物、非宿主植物のどちらの葉上でも同じように発芽し、付着器を形成する。病原菌は、胞子発芽時、すなわち植物細胞に侵入する前に毒素（★）を生産・分泌する。毒素に感受性の宿主植物では、毒素の作用によって細胞機能に異常が引き起こされるため、抵抗性が抑制され、菌が感染できるようになる（A）。一方、抵抗性の非宿主植物では、毒素が効かないため、抵抗性反応によって菌の侵入が阻止される（B）。病原菌も毒素生産能力を失うと、抵抗性を抑制することができず、侵入能力を失う（C）。毒素を生産しない菌株の胞子に毒素を添加すると、あたかも病原菌のように毒素感受性の植物に侵入できるようになる（D）

（西村正暘博士原図を改変）

アルタナリア・アルタナータ病原菌

宿主特異的毒素を生産する7つのアルタナリア病原菌は、病害発生当初、それぞれ別々の種として分類・命名されました。たとえば、ナシ黒斑病菌はアルタナリア・キクチアナ（*Alternaria kikuchiana*）、リンゴ斑点落葉病菌はアルタナリア・マリ（*Alternaria mali*）、イチゴ黒斑病菌はアルタナリア・フラガリア（*Alternaria fragaria*）などです。糸状菌の分類では、胞子の形態やでき方が基準になっていますが、その後、西村正暘らは、それぞれの病原菌の胞子の形態がアルタナリア属菌の代表的な種であるアルタナリア・アルタナータと類似していることに気づきました。

アルタナリア・アルタナータは、自然界に広く分布し、枯れ葉、枯れ草など植物遺体で栄養を取って増殖する腐生菌です。また、植物遺体の表面に多数の胞子を形成し、形成された胞子は空中に飛散します。この菌は、住宅の内壁に生える黒いカビの一つとしても知られています。

自然界に生息するアルタナリア・アルタナータのほとんどは植物に病気を引き起こしません。西村らは、宿主特異的毒素を生産する病原菌は、本来腐生的なアルタナリア・アルタナータが毒素生産能力を獲得することによって、植物に病気を引き起こすようになった変異系統であると考え、このカビの病原性系統（病原型）として位置づけることを提案しました（図2-3）。その後、この提案はDNAを用いた分子系統解析により支持され、[注1]アルタナリア・アルタナータ病原

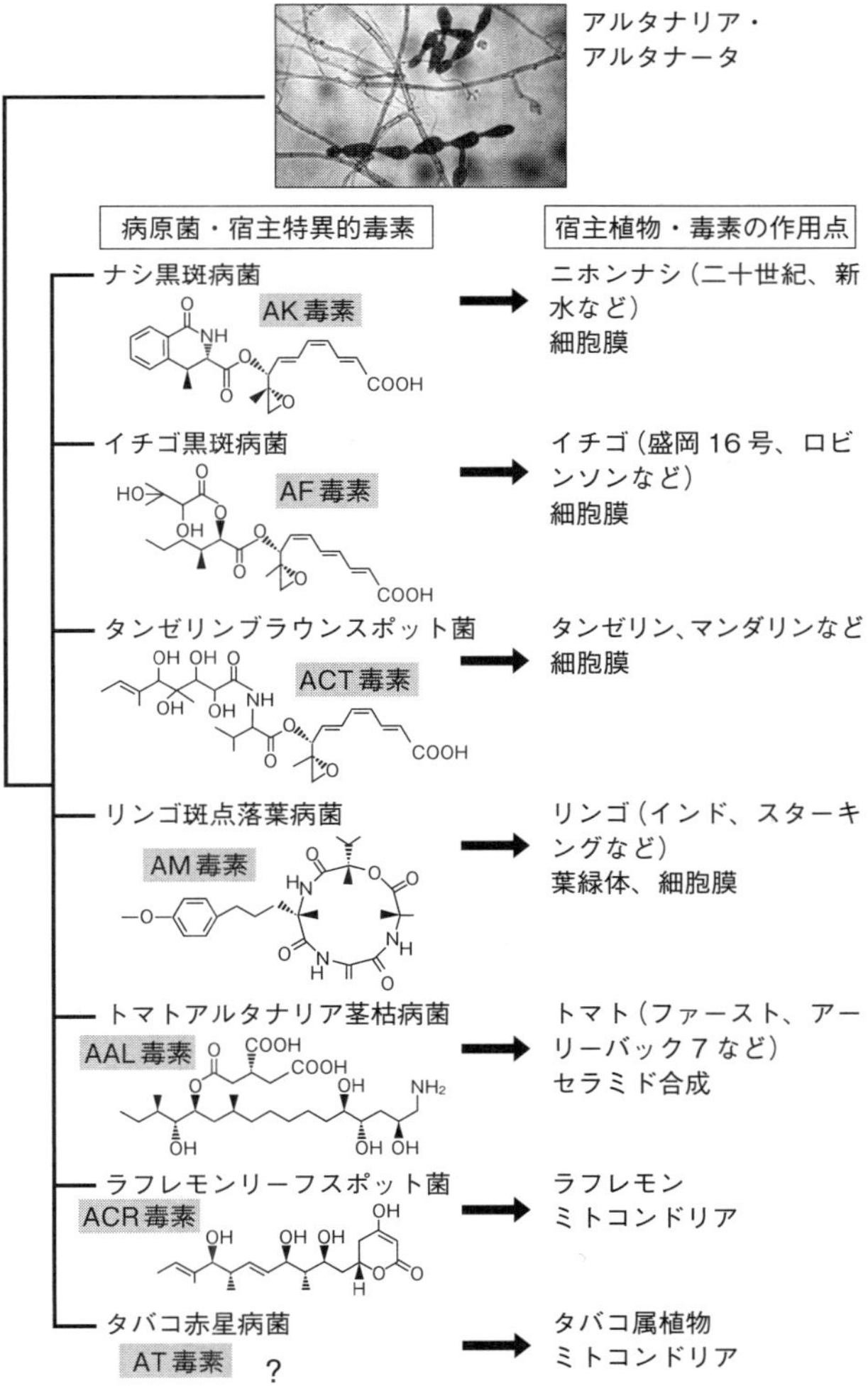

図2-3　アルタナリア・アルタナータ病原菌の宿主特異的毒素と宿主植物（タバコ赤星病菌のAT毒素の構造は決定されていない）

菌は、腐生菌がどうやって病原菌になるのかを研究するための有効なモデルと考えられるようになりました。

アルタナリア・アルタナータ病原菌の宿主特異的毒素は、二次代謝(注2)によって生産される低分子毒素です（図2-3）。宿主特異的毒素はどれも低い濃度で毒性を示す半面、その生産量が微量であるため、大量の培養液を用いて、毒素の精製・純化に多大な努力がそそがれました。1974年に、リンゴ斑点落葉病菌のAM毒素の構造が最初に決定され、その後、多様な毒素の構造が次々と明らかにされました（図2-3）。また、純化した毒素を使って、どの毒素も10^{-9}～10^{-8}M（1mℓ当たり0.0000000005g程度）という、驚くべき低濃度で宿主植物に毒性を示すことが明らかにされ、毒素の特異性に加え、毒性の強さも宿主特異的毒素の特徴として注目されました。また、宿主特異的毒素が毒性を示すメカニズムについて、毒素を処理した宿主細胞の生理学的・生化学的な機能変調、電子顕微鏡観察による細胞の微細構造の変性像などが詳しく調べられ、それぞれの毒素が細胞膜、葉緑体、ミトコンドリアなど、固有の作用点に対して異常を引き起こすことが明らかにされました（図2-3）。

アルタナリア・アルタナータ病原菌の宿主植物

興味深いことに、アルタナリア・アルタナータ病原菌の宿主植物は、どれも新たに育成され、栽培化された品種です。たとえば、宿主特異的毒素が最初に発見されたナシ黒斑病菌の宿主である「二十世紀」の誕生は明治時代のことでした。

「二十世紀」は、「ゴミ捨て場で生まれたナシ」といわれており、いまだその起源は謎に包まれています。1888年（明治21年）、千葉県八柱村（現・松戸市）のナシ農家の松戸覚之助少年は、近所に住む親類の石井佐平のゴミ捨て場に生えていた小さなナシの苗を偶然見つけました。当時13歳だった覚之助少年は、苗を持ち帰り、自宅のナシ園に植えて、たいせつに育てました。やっと10年後に結実した果実は、皮が薄緑色で薄く、甘みと酸味のバランスが良くてみずみずしく、それまで栽培していたナシとは見かけも味もまったく違って、格段においしいナシでした。当初、「新太白」と名付けられていましたが、1898年に東京の農園主で種苗商でもあった渡瀬寅次郎によって、来る新世紀の代表的なナシ品種になってほしいという期待を込めて「二十世紀」と名付けられました。

注目の新品種として各地で栽培が始まり、その後、最大の産地となる鳥取県に導入されたのは1904年でした。ところが、栽培当初から葉や果実に黒色斑点が生じる病気が発生し、栽培地ではこの病気が猛威を振るい、栽培を断念する農家も相次いだと記録されています（図2-1）。従来のナシ品種は黒斑病に抵抗性でしたが、「二十世紀」は菌の産生するＡＫ毒素に感受性だったのです（図2-1）。少し不思議な感じもしますが、もし、松戸覚之助少年がこのナシの苗をゴミ捨て場で見つけなければ、黒斑病菌の存在にいまだ誰も気づいていなかったかもしれません。

アルタナリア・アルタナータ病原菌によって引き起こされるほかの病気もそのほとんどが、1950年代以降に新しく育成・導入された品種が栽培されることにより、突如発生した、それまでになかった新病害でした。どの病気も、感受性品種の栽培を開始して数年のうちに発生していることから、病原菌は栽培が始まった後に突然変異によって誕生したのではなく、すでに土着菌として生息していたと考えられています。農家は、高品質の新品種がこれまで見たこともなかった病気に感染するとも知らず、栽培したわけです。期待を込めて栽培した新品種が、土着菌の二次代謝産物（宿主特異的毒素）にめっぽう弱かったことは〝不幸な偶然〟としか言いようがありません。

では、そういった新品種に出会うまで、アルタナリア・アルタナータ病原菌は、どのようにして誕生し、どこに生息していたのでしょうか？　次に近年の研究成果から、少しずつ明らかとなってきたアルタナリア・アルタナータ病原菌の誕生の軌跡について考えてみます。

アルタナリア・アルタナータの病原菌化

アルタナリア・アルタナータがどうやって宿主特異的毒素の生産能力を身に付け、病原菌になったのかを探るために、1990年代半ばから、毒素生産に必要な遺伝子の探索が開始されました。二次代謝産物である毒素の生産には、複数の酵素、それらをコードする複数の遺伝子が必要です。これまでに6つの病原型（ナシ菌、イチゴ菌、リンゴ菌、トマト菌、タンゼリン菌、ラフレモン菌）から毒素を生産するための遺伝子群が次々と同定され、それらがそれぞれの病原型の染色体上で並んでまとまって存在することが明らかにされました。このような領域を**毒素生産遺伝子クラスター**とよびます（図2-4）。

毒素生産遺伝子クラスターは、それぞれの毒素を生産する菌だけがもっており、病原型に特徴的で付加的な染色体の領域に存在していました。近縁のほかの菌にはないDNA配列がゲノムに忽然と現れていました。これはこれらの毒素生産遺伝子がほかの生物から――遺伝子構造の特徴から、たぶんほかの糸状菌から――移動してきたことを推察させるものでした。ある生物からほかの生物に遺伝子が移動することを「水平伝播（水平移動）」[注3]とよびます。実際、分類学的に近縁でない複数の糸状菌が同一あるいは類似した構造の二次代謝産物を生産する例が知られており、それらの合成遺伝子クラスターが水平伝播によってほかの菌に拡散したことを示す結果も、近年、いくつか報告されています。

たとえば、トマト菌の宿主特異的毒素であるAAL毒素は、フザリウム（*Fusarium*）属の複数の種が生産するフモニシン[注4]というマイコトキシンと構造が類似しています。この両者の合成遺伝子クラスターの構造も類似しており、トマト菌のAAL毒素合成遺伝子クラスターの原型はフザリウム属菌から水平伝播してきたものと考えられています。

ほかの病原型の宿主特異的毒素では、構造の類似した二次代謝産物が他種の菌から見つかった例はありませんが、毒素合成遺伝子の一部は類似したものが他種で見つかっており、遺伝子の水平伝播の痕跡と推定されています。

これに関連した研究の中で、毒素生産遺伝子クラスターの存在様式に予想外の興味深い特徴があることが、明らかになってきました。鳥取大学の児玉基一朗らは、7つの病原型アルタナリア菌が、それぞれ200万（2メガ）塩基対以下のユニークな小型染色体をもつことをみつけましたが、7つのうち6つの病原型菌で、毒素生産遺伝子クラスターがこの小型染色体に分布することがわかったのです。イチゴ菌、リンゴ菌、トマト菌では、小型染色体だけを失った変異株が分離されましたが、これらの変異株では、毒素の生産能力、そして病気を引き起こす能力も完全に失われていました。ところが、培地上での成育、胞子形成などほかの能力は正常で、元の菌株と区別がつきませんでした。

糸状菌では、生存には不要で、特定の生活環だけに必要な染色体の存在が知られており、**〝Conditionally Dispensable（CD）染色体〟**(注5)とよばれています。毒素生産遺伝子クラスターは、その多くがこのCD染色体に存在していたのです。CD染色体の、生存に必須ではない、特定の生活環に必要、遺伝子の水平伝播に関与といった性質は、細菌におけるプラスミド（核DNAとは

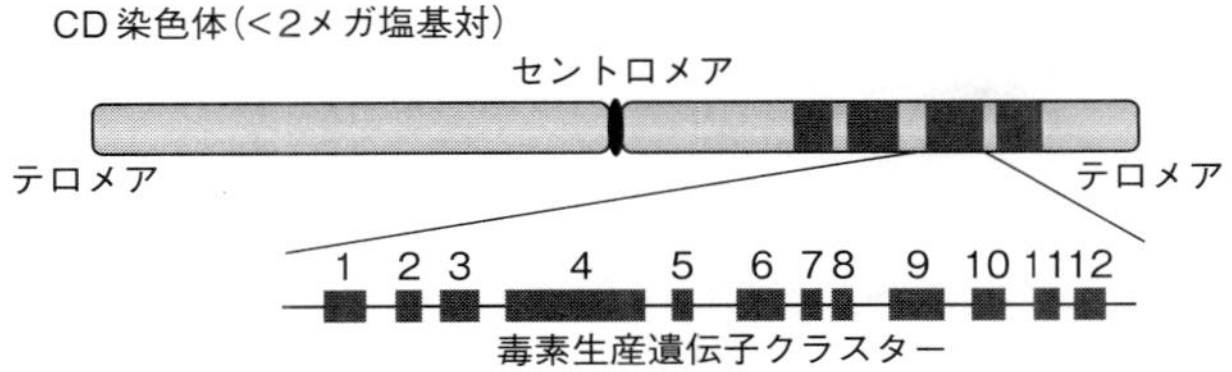

図2-4　アルタナリア・アルタナータのCD染色体の模式図

宿主特異的毒素生産遺伝子クラスターが分布するCD染色体は2メガ塩基対より小さい。一方、それ以外の主要な染色体は2メガ塩基対より大きい。CD染色体には、主要染色体と同様に、中央部付近にセントロメア配列、両端にテロメア配列があり、一般的な染色体の構造をもつ。毒素生産遺伝子クラスターには毒素を生産するために必要な酵素遺伝子セットやそれら遺伝子の発現を制御する遺伝子が、並んでまとまって存在する。これまでに構造が調べられたアルタナリア・アルタナータのCD染色体では、クラスター全体、あるいはその一部が重複して存在する。CD染色体の毒素合成遺伝子領域以外の構造は、異なる病原型間で類似している

別に細胞質に存在する複製可能なDNA分子）の存在様式とも一脈通じていて、たいへん興味深いものです。

イチゴ菌、リンゴ菌、トマト菌のCD染色体の構造を比較すると、毒素生産遺伝子領域以外の構造は互いに類似しています。このような特徴は、起源となった共通の染色体が存在し、毒素生産遺伝子クラスターはその染色体でそれぞれ別々に形作られたことを示唆しています。前述したように、毒素生産遺伝子群の少なくとも一部は、ほかの菌からの水平伝播によって獲得されたもののようです。また、CD染色体には毒素生産遺伝子クラスターが複数セット重複して存在します（図2‐4）。

アルタナリア・アルタナータが宿主特異的毒素の生産能力を身に付け、病原菌になる過程に

は、遺伝子レベル、染色体レベルでの予想以上に複雑で、多発的な出来事が関係しており、たかだか100年程度の宿主作物の栽培の歴史の間に、そのすべてが起こったと考えるのは、タイムスケールとしてあまりにも短すぎます。やはり宿主作物の栽培が開始される以前から、土着菌として毒素を作る能力をもったものが存在していたようです。

本来腐生的なアルタナリア・アルタナータにとって、宿主特異的毒素とその生産遺伝子クラスターを収納したCD染色体は、毒素感受性の植物に出会わなければ無用の長物です。CD染色体が宿主作物の栽培以前にできあがり、維持されてきたとすれば、我々が気づいていない、毒素感受性の野生宿主が存在するはずです。アルタナリア・アルタナータに限らず、植物病原菌は自然生態系で誕生し、その中で感染生活を送っているようです。野生宿主を見つけ出すことは〝言うは易く、行うは難し〟ですが、病原菌の〝シークレット・ライフ〟を探す試みが始まっています。

農業現場では、それまで知られていなかった作物病害が突如発生し、多大な被害を及ぼすという新病害の報告が後を絶ちません。その一部には、苗、種子などに病原菌が付着して海外からも ち込まれたものもありますが、我が国で初めて見つかった菌種や系統による新病害、すなわち土着の微生物による新病害も多数報告されています。近年の新病害の発生には、新たな作物や作物品種の導入に加え、栽培様式の多様化（土耕⇕水耕、露地⇕施設、周年栽培など）も関係しています。自然界では、まだ見ぬ土着の病原菌たちが、感受性の作物や作物品種の登場、感染に適した栽培環境の変化などを待ち構えているようです。

（注1）アルタナリア・アルタナータ病原菌……宿主特異的毒素を生産するアルタナリア病原菌については、形態的特徴やＤＮＡ情報から、それらの一部は近縁の別種とすべきとの報告もある。

（注2）二次代謝（産物）……生物が生産する、生存には直接的に関係しない低分子化合物の総称である。テルペノイド、ポリケチド、ペプチド、アルカロイドなど多様な化合物が知られている。抗生物質、色素などが代表例であり、さまざまな生物現象に関与する。

（注3）遺伝子の水平伝播……親から子への遺伝子の継承を垂直伝播（移動）とよぶのに対して、個体間や異なる生物間での遺伝子の移動は水平伝播（移動）とよばれている。多くの生物でゲノム配列が決定され、特に細菌では、水平伝播が予想以上に高頻度で起きていることが明らかとなってきている。

（注4）マイコトキシン……人や家畜に急性あるいは慢性毒性を示す、糸状菌の二次代謝産物の総称である。穀類等の農産物や食品のマイコトキシン汚染は、食品衛生上重要な問題である。

（注5）Conditionally Dispensable（CD）染色体……糸状菌では、交配などによって失われることがある遺伝的に不安定で、生存に必要でない、サイズの小さい染色体が以前から知られており、Dispensable染色体とよばれている。米国のバンエッテン博士らは、エンドウ根腐病菌のDispensable染色体にファイトアレキシン（抗菌物質）解毒酵素遺伝子や他の病原性関連遺伝子がコードされていることを見出し、生存には不要であるが、植物感染に重要な染色体として、Conditionally Dispensable染色体と命名した。近年、植物病原糸状菌のゲノム解析が進み、多くの病原菌でCD染色体の存在が報告されている。

2-2 感染器官の形態形成

病原菌は細胞壁の強固な防御機構をどう突破するのか

ここまで説明してきた宿主特異的毒素は、特定の宿主に感染するために必要な強力な武器で、これを獲得したことにより、腐生菌が病原菌へと進化したと考えられています。宿主特異的毒素を産生する菌は、殺生菌とよばれるグループに属し、強力な毒素により宿主細胞を殺し、ある意

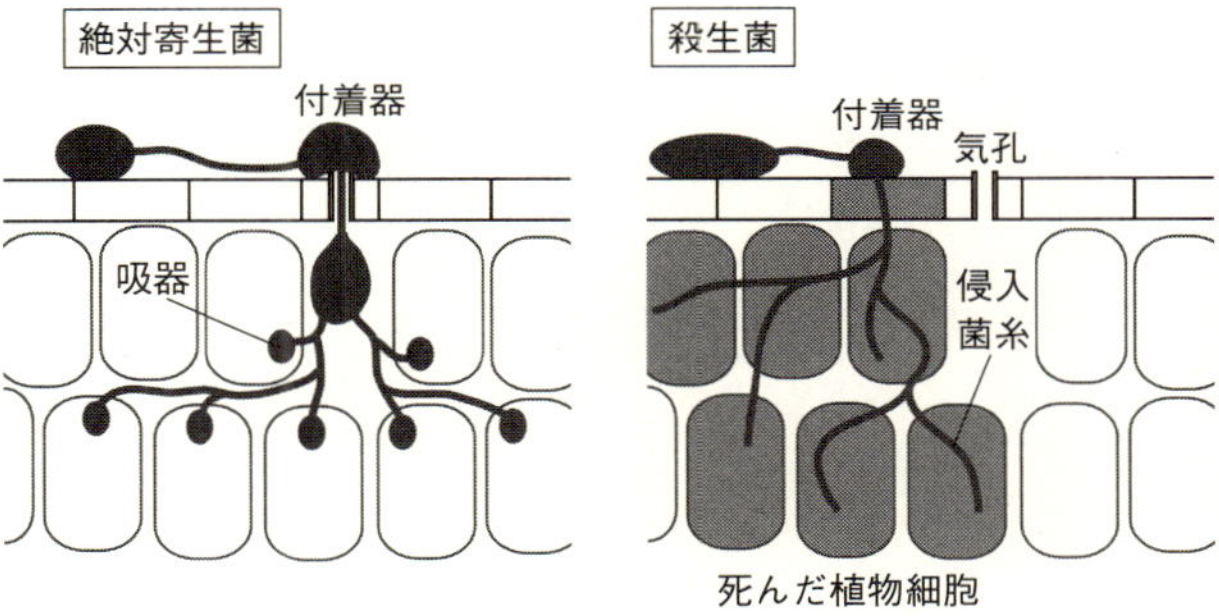

図2-5　絶対寄生菌と殺生菌の感染戦略の模式図
絶対寄生菌は宿主細胞を殺さず吸器とよばれる特殊な器官を宿主の細胞膜に密着させ栄養を奪い寄生する。一方、殺生菌は宿主細胞を殺してから栄養を摂取する

味、その死細胞上で「腐生的に」暮らしているという見方もできます（図2-5）。

しかし、すべての植物病原菌がそのようなスタイルで病気を起こしているのかと言えば、そうではありません。絶対寄生菌のように生きた宿主細胞でなければ寄生できない菌も多いですし、条件的腐生菌の多くも、少なくとも感染の初期には生きた細胞に寄生しているものがほとんどです。では、こういった病原菌はどのような手段を用いて、生きている宿主細胞に感染しているのでしょうか？　ここではその戦略についてご紹介します。

植物の細胞は、動物と違って細胞壁という強力なバリアがあります。植物の表皮細胞は細胞壁に加え、その外側のワックスやクチン質からなる**クチクラ層**から構成されています。このクチクラ層は構造的に強固で、いわば物理的な障壁の役割をもっています。たとえばイネ科植物の葉は珪酸質を多く含んでいて、表面は硬く、葉のエッジは刃物のように鋭くなっています。

こういった植物細胞の物理的な特徴は病原菌にとっては大きな障壁であり、細菌やウイルスは自力でこの表層のバリアを突破することができず、気孔や傷などの開口部を利用するか、昆虫・線虫などの媒介がなければ植物体内に侵入できません。しかし、糸状菌の一部はその強力なバリアを打ち破る術をもっています。それがここで紹介する**付着器**とよばれる特殊な細胞です（図2-5）。

イネいもち病を例として、付着器を用いた感染サイクルについて説明しましょう。いもち病菌は真菌の一種ですが、菌糸とよばれる細胞が糸状につらなった形態をしているので、糸状菌とよばれます。イネいもち病には、複数の宿主特異的なグループが知られており、イネ以外にもシコクビエ、コムギ、エンバク等にそれぞれ特異的に感染するグループが知られています。とくにイネ栽培ではこの病原菌が感染するとイネの穂や葉に病斑を形成し（図1-3参照）、収穫量の低下や品質の劣化をもたらすため、耕作者からは忌み嫌われていました。

皆さんもご存じのとおり、カビ（糸状菌）は大量の胞子を形成しますが、イネいもち病菌も、感染植物の上で胞子を作り、その胞子が雨風などで運ばれ、新しいイネの表面に付着すると発芽をして、さらなる感染を招きます（図2-6）。

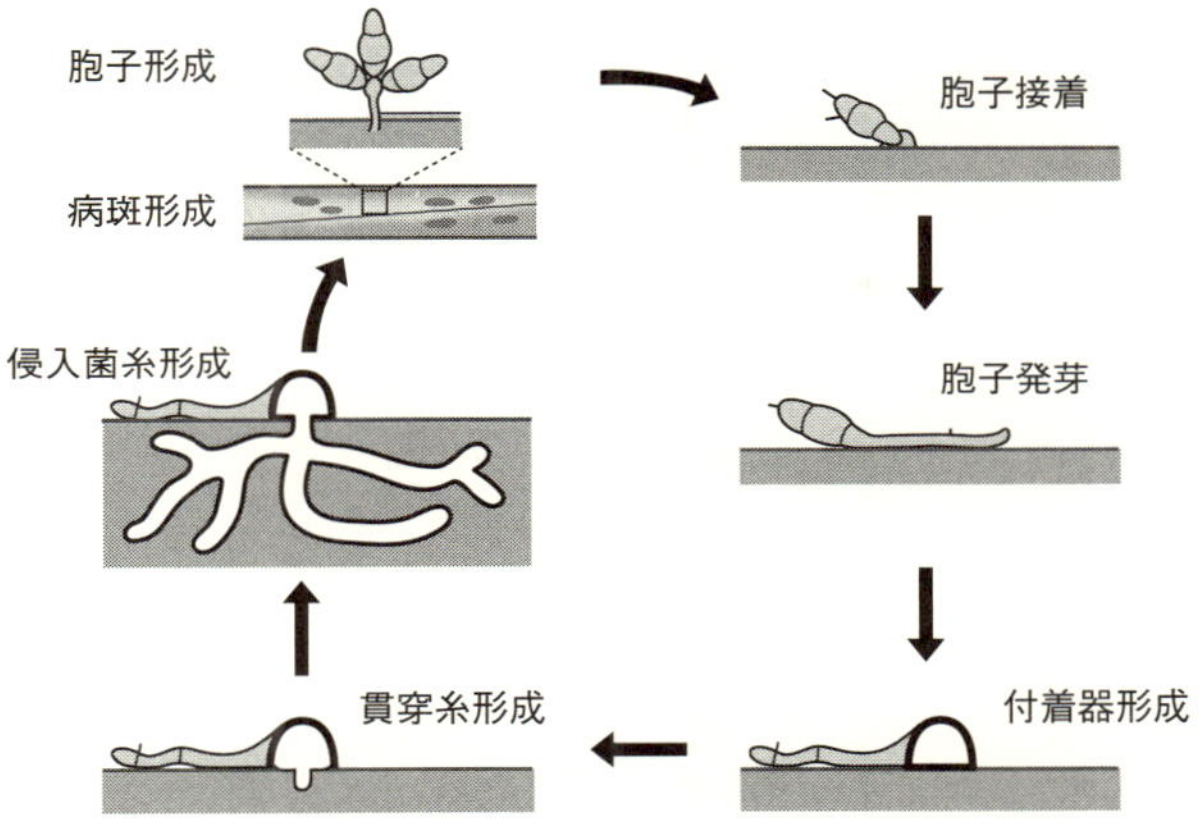

図2-6　イネいもち病の感染サイクル
イネいもち病菌は、胞子が雨風などで運ばれてきて、イネの表面に付着すると発芽をして、付着器という侵入するための細胞を作る。そこから貫穿糸という細い菌糸をイネに突き刺して、菌糸をイネの中に伸展させ、イネの病斑上に胞子を形成する。この胞子が飛散してさらなる感染を招く

発芽した胞子は、その先に付着器を形成し、強固な宿主の細胞壁を突破し、細胞内に侵入します。侵入した細胞の中では、**侵入菌糸**とよばれる菌糸をはりめぐらせ、宿主細胞から栄養を取得しながら、奥深く伸展していきます。感染が進むと、イネの茎・葉・籾などに病斑とよばれる斑紋が形成されます。やがて植物組織内を伸展した菌糸は胞子を形成し、その胞子が新たな感染を起こして、病気が広がっていきます（図2-6）。

このように糸状菌の細胞は姿を変えながら、感染サイクルを全うします。細胞が姿を変えることを形態形成と言いますが、この形態形成にともなっ

て、細胞の機能は変わってきます。胞子は風に乗って拡散して、感染を拡大していく役割を担っています。付着器は植物への付着と侵入を担い、そして侵入菌糸は栄養を植物から吸収する働きをもっています。植物に病気を起こす糸状菌はこのように細胞の形と機能を変えることによって、植物への感染を達成しています。

メラニン合成と感染能力

植物病原糸状菌の侵入に関して、大きな発見が、今から40年近く前にありました。ウリ科植物に感染して、葉や果実の壊死や腐敗を招く炭疽病という病気があります。この病気を引き起こすウリ類炭疽病菌はさきに述べた、イネいもち病菌と似通った感染過程をとります。この菌はイネいもち病菌と同様に黒褐色のメラニン色素を合成します。[注6] メラニンといえばヒトでは黒髪の輝きを与えたり、肌の日焼けやシミ、ほくろの原因となる色素として知られています。これと同じように植物病原糸状菌も黒色化するメラニン色素を作りますが、なぜ、このような色素を作るのかはあまり注目されていませんでした。メラニンは生物によって合成経路は異なりますが、ドーパキノンやナフタレンが重合した化合物でその物理化学的性質から、機能としては紫外線から細胞を護ったり、細胞壁を強固にして、乾燥から細胞を護るといった、受動的な役割を担っていると考えられてきました。

１９７９年、京都大学の学生であった久保康之はウリ類炭疽病菌の突然変異株の取得と病原性因子の探索というテーマで卒論研究をしていました。あるとき、培地の上で、きれいなオレンジ色を呈する突然変異株を見つけました。変異前の親株は黒褐色のコロニーを形成することから、その鮮やかさは際立ったものでした。さて、興味深いことは、この変異株は宿主のキュウリに病原性を示すことがなかったのです。この現象は続いて得られた20株以上の変異株でも同様でした。

色素が病原性に関係している？　当時の常識ではあまり考えられないものでした。そこで、このウリ類炭疽病菌の感染過程を顕微鏡で観察すると、付着器は本来、メラニンが形成されて黒褐色になるのですが、変異株では無色の付着器が形成され、その付着器は植物の細胞壁を突破して侵入する能力を欠いていたのです。興味深いことに、メラニン合成の材料となる前駆体を与えて、メラニン合成を復活させると、植物への侵入能力も回復しました。つまり、メラニンの有無が侵入能の可否を決定していたのです。これは、世界に先駆ける発見で１９８１年にPhytopathologyという学術専門誌に発表されています。

メラニンが病原性に重要であるという、新発見が提示された当時、メラニン合成阻害活性をもち、イネいもち病菌の防除に卓効を示す、トリシクラゾール(注7)という新しい農薬が開発され、注目されていました。しかし、この農薬がどのような仕組みで防除効果を示すかという作用機序は、

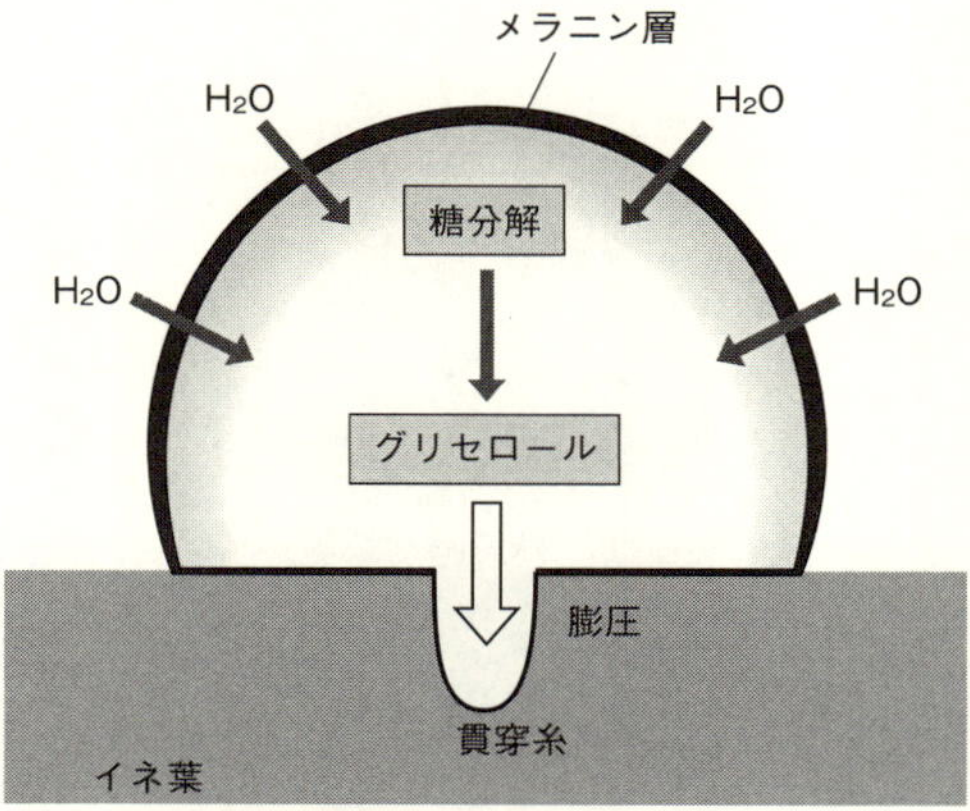

図2-7　付着器の構造と膨圧生成

わかっていませんでした。メラニン合成阻害活性をもつものの、それが感染阻害作用の直接的な要因だとは、想定されていませんでした。病原性に重要な毒素などがあって、それがたまたま、メラニン合成の代謝系とリンクしているのではないかと考えられたりもしました。しかし、炭疽病菌の研究と並行して、研究が進む中で、その類似性からいもち病菌においてもメラニンが付着器侵入に重要であることが、明らかになっていきました。

　では、なぜ付着器にメラニンが必要なのでしょうか？　それは、付着器の構造に秘密がありました（図2-7）。

　付着器は球形、あるいはドーム形をした細胞として形成され、植物表層に強固に粘着します。そして、植物表層との接着面には**侵入孔**という小さな穴が形成されます。いもち病菌や炭疽病菌はここから、注射針のように細い菌糸（**貫穿糸**）を伸長させて植物に侵入していきます。では、この貫穿糸を強固な植物のクチクラ層に突き刺す力はどこからくるのでしょうか。その答えは、１９９０年代に米国のリチャード・ハワードおよびイギリスのニック・タルボットが明らかにしました。それは膨圧でした。

付着器は胞子が発芽をして、形成される細胞ですが、胞子には脂肪やグリコーゲンなどが大量に蓄えられています。これらの炭水化物は発芽過程で代謝分解されて、大量の粘性の高いグリセロール分子として付着器に蓄積されます。そこに水分子が流入して、膨圧を発生させるのです。風船に空気を送り込んで、膨らませている状態をイメージするとわかりやすいかもしれません。その付着器の膨圧を測定したところ、驚くことに８ＭＰａ（80気圧）、自動車タイヤの空気圧の40倍もあったのです。この強力な圧力が、侵入孔に集中することで、植物の表層を突き破る力となっていたのです。

では、メラニンは何をしているのでしょうか。メラニン合成変異株やメラニン合成阻害剤を用いた実験から、付着器のメラニンがなくなると、細胞内のグリセロールが細胞外に流出して、膨圧が低下することがわかりました。メラニンは付着器の細胞壁に蓄積して、グリセロールの流出を抑えるパテのような役割をしていたのです。つまり、メラニンは侵入に必要な膨圧を維持するのに、重要な働きをしていたわけです。

農薬として使われているメラニン合成阻害剤は、このメラニンを作れなくすることで病原菌の侵入能力をなくしていたことになります。農薬というと、どこか悪いイメージが先行しますが、トリシクラゾールなどのメラニン合成阻害剤は殺菌作用がなく、特定の病原菌の病気を起こす能力だけを無力化しているのです。病原菌に対する選択性が強く、環境や一般生物に対する負荷も小さくなります。農薬を使わずに健全な植物を育成する技術の開発や栽培者の試みは重要ですが、持続可能性を志向した農薬開発についても、注目する必要がありそうです。

付着器形成とオートファジー

炭疽病菌やいもち病菌は胞子が発芽して付着器を形成しますが、この過程は植物の表層で起こり栄養を外部から取得できない環境です。付着器が形成される過程に注目して観察すると、付着器が徐々に大きくなるにつれて、発芽した胞子の細胞質が減少して、最終的に消失することがわかりました。この現象に何か意味が隠されているのでしょうか。その意味を解くカギが、2016年にノーベル生理学・医学賞を受賞した大隅良典のオートファジー(注8)に関する研究にありました。大隅は出芽酵母を用いて、細胞の増殖に十分な栄養がないような環境下では、細胞内の核やミトコンドリアなどの細胞小器官を分解して、細胞機能を維持していることを世界に先駆けて発見しました。そして、この現象が酵母にとどまらず、生物がもっている共通の生命現象であり、生命活動に欠かすことのできない基本的な機能であるという、その後の重要な発見を導いています。

そうです。実は、植物病原菌の胞子から付着器形成への形態形成過程では、胞子の細胞質成分をオートファジーにより分解し、それを再利用して付着器の分化が起こることがわかってきたのです。植物に感染できるか否かという、いわば病原菌の生存の成否を決定するような場面では、胞子から、付着器というまったく異なる機能をもつ細胞へ変貌を遂げるために、いったん、細胞成分を分解し、再構成するという、破壊と構築のダイナミックな作業を病原菌は成し遂げていたのです。

この興味深い発見は、酵母でオートファジーに関係する一連の遺伝子が解明されたことにより得られました。それらの遺伝子が植物病原菌にも保存されており、いもち病菌の研究ではオートファジーに関係する遺伝子が働かないと、付着器の膨圧異常が生じて、侵入能力を失うことが報告されました。これはオートファジーの不全で、脂質や糖質の代謝異常が起こり、グリセロールの蓄積ができないことが原因と考えられました。また、京都大学の高野義孝らのグループは炭疽病菌の病原性欠損変異株の機能解明研究を進めていく中で、脂肪酸代謝に関わる細胞小器官であるペルオキシソーム(注9)のオートファジーに関わる因子が、正常な付着器形成とそれによる植物への侵入能力に重要な働きをしていることを見いだしています。

植物表面における病原菌とのコミュニケーション

これまで説明してきたように、病原糸状菌の多くは胞子から付着器という侵入器官を形成することによって、細胞壁という頑丈なバリアを突破するわけですが、このような劇的ともいえる細胞の応答が進行するきっかけは何なのでしょうか。そもそも病原菌の胞子は、自分が植物上にいるのかどうか、形態形成を進めていい状態であるのかどうかを、いかにして認識しているのでしょうか。

前述しましたが、植物の葉の表層はワックスやクチンからなるクチクラ層でできています。化学的にいえば、長鎖の脂肪酸とアルコールがエステル結合をした成分です。植物病原菌は植物の葉の上にいることをこうしたワックスの疎水的な物理的性状であったり、ワックスの構成成分である脂肪酸やアルコールをシグナルとして感じ取っていることがわかってきました。

最近の炭疽病菌の研究では、病原菌胞子の表面には加水分解酵素のエステラーゼが存在し、胞子が植物の葉表面に接触したときに、このエステラーゼの活性により植物のクチクラ層のクチンが分解されます。この分解産物の一つであるn-オクタデカナールが、炭疽病菌胞子の形態形成、すなわち付着器への分化を誘導することが明らかになりました（図2-8）。病原菌の胞子が植物を認識するための巧妙な仕組みをもっており、自身の形態形成を制御しているとは驚きで

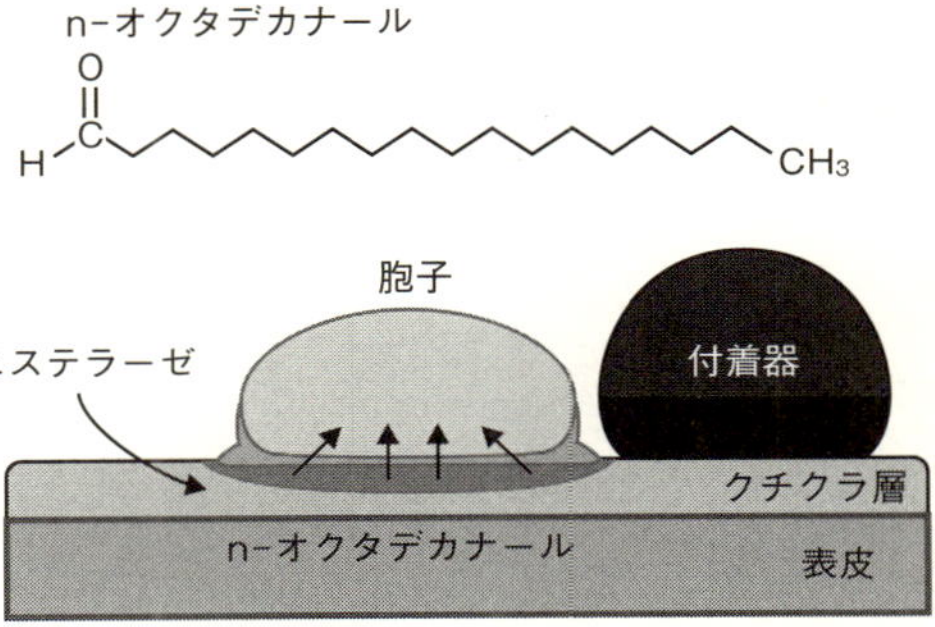

図2-8
n-オクタデカナールが、炭疽病菌胞子の付着器への分化を誘導する

す。

またワックスは、病原菌の宿主特異性にも関与していることが報告されています。アボカドに感染する炭疽病菌の例では、アボカド由来のワックス成分を与えると、この菌は感染器官である付着器を形成しますが、ほかの作物由来のワックス成分を与えてもそのような効果は見られないことが、１９９３年に米国の研究グループから報告されています。

さらにマメ科のモデル植物であるタルウマゴヤシ（*Medicago truncatula*）において、さび病菌の付着器分化などを阻害する*irg*1と名付けられた変異体が同定されました。*irg*1変異体では、その葉の裏面においてのみ、さび病菌や炭疽病菌の感染器官形成の阻害が観察されました。

研究者がこの*irg*1変異体について詳しく調べてみると、この変異体では、葉の裏面でワックス成分が完全に失われていることが発見されました。このことは、複数の病原菌における感染器官の誘導において、ワックス成分が必要であることを示しており、病原菌にとってワックス成分はとても大切な宿主のシグナルのようです。これは逆に言えば、植物表層の成分を変化させると病気に強くなるということになり、植物の側から見たときに、病原菌の戦略を逆手にとって、耐病性を付与するという考えは合理的で魅力があるといえるでしょう。

このように、病原菌は植物表層の成分を認識して、形態形成を起動させる仕組みをもっているわけですが、一部の病原糸状菌では、さらに、複雑な応答機能をもっているものがあります。さび病菌はクチクラを突き破ることはなく、開口部である気孔から侵入を行います。こうした感染機構が成り立つには、さび病菌が気孔の存在とその位置を認識することが必須となります。さて、さび病菌はどのようにして、気孔をみつけているのでしょうか。

ムギ類に感染するさび病菌の胞子は発芽すると、葉の表皮細胞の接合した部分のくぼんだ地勢を感じ取り、くぼみを横切る様式で発芽菌糸が伸長していきます（図2-9A）。そうすると、植物上のさび病菌の胞子の一定数が維管束が通る葉脈にそって、規則的に配置されている気孔にうまく辿りつくことができるわけです。気孔の周囲にある孔辺細胞は、その開口部側の縁が段差として盛り上がっています（図2-9B）。なんと、この段差をさび病菌は認識し、付着器を形成していたのです。このことは、１９８７年に米国のハーヴェイ・ホック、エドワード・ウォルフら

A

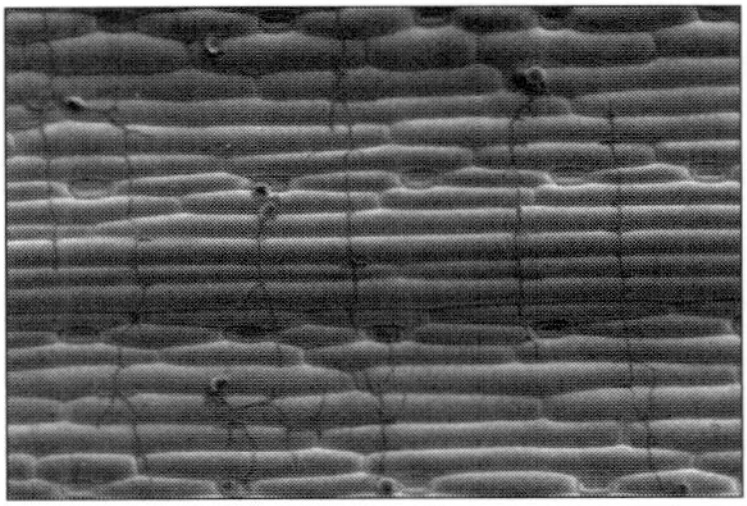

(Read *et al.,* 1992)

B

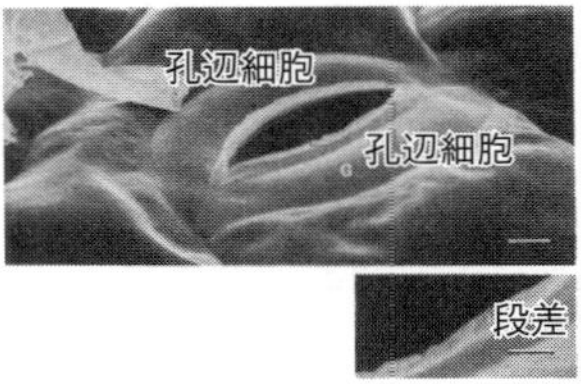

C

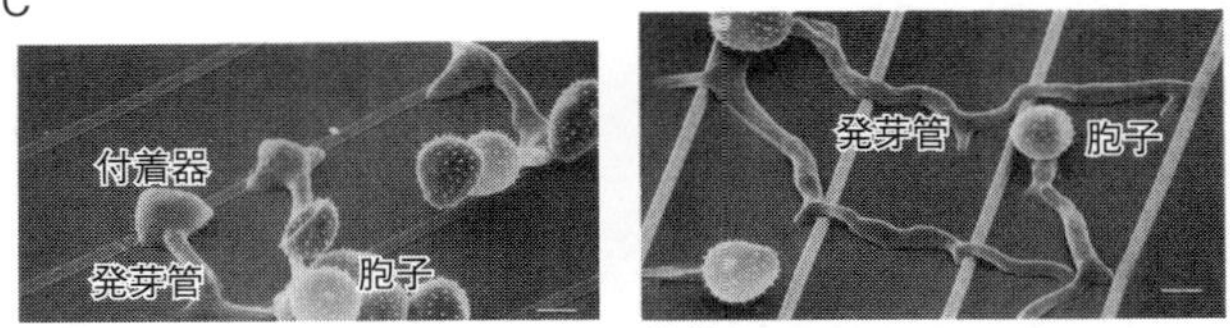

段差 0.5 μm　　段差 5 μm

(Hoch *et al.,* 1987)

図2-9　孔辺細胞における段差と付着器形成

さび病菌の胞子は植物葉上で発芽後、発芽管を一方向に伸長し（A)、孔辺細胞における段差を感知するとそこに付着器を形成する（Read *et al.,* 1992)。Bの写真は、孔辺細胞とその開口部に見られる段差を示している。これを模した段差（段差0.5 μm、写真C左）の存在するポリスチレン板上においては、さび病菌の胞子はその段差の箇所で付着器を形成する。一方、段差の高さが孔辺細胞の開口部と大きく異なる場合（段差5μm、写真C右)、胞子の発芽管は段差に出会っても付着器を形成せずに伸長を続けるによる非常にシンプルかつエレガントな実験で証明されました（図2-9C）。

彼らは、さまざまな段差のあるポリスチレン板を準備し、その上でさび病菌の胞子を培養してみました。その結果、どのポリスチレン板でも胞子は発芽管を伸長しました。しかし、その後のさび病菌の様子は、テストしたポリスチレン板の間で大きな違いが見られました。多くの場合、発芽管は段差に出会うとそれを乗り越えて延々と伸長を続けました。探し物はまだ見つかっていないとでもいう感じで。しかし、特定の範囲内の段差においては、さび病菌の発芽管はその段差にぶつかると、そこで整然と付着器を形成しました。この特定の範囲こそが、まさに孔辺細胞の開口部側の段差の特徴と一致していたのです（図2-9C）。この研究より、さび病菌がどのように気孔を探し当てるのかが、明らかとなりました。

それにしても、動物にくらべるときわめてシンプルな構造しかもたない病原菌が植物表層の地勢や孔辺細胞の段差まで認識して、侵入経路を割り出して感染行動を起こしているのですから驚きです。

（注6）メラニン色素……メラニンとはフェノールやナフトール類物質が高分子化した色素の総称。ヒトのメラニンは、チロシンから合成されたインドール化合物がポリマーを形成した形態をとっている。菌類のメラニンも同様の経路をもつものがあるが、ポリケチド合成経路を初期過程と

したナフタレン類の重合によるメラニン合成経路はとくに子のう菌類に特徴的である。

（注7）トリシクラゾール……メラニン合成阻害剤として登録されているものに、メラニン合成代謝系のプロセスのうち、還元酵素阻害をするＭＢＩ-Ｒ剤としてトリシクラゾール、ピロキロン、フサライド、脱水酵素阻害をするＭＢＩ-Ｄ剤としてカルプロパミド、ジクロシメット、フェノキサニルがある。

（注8）オートファジー……オートファジーはタンパク質、細胞小器官などの細胞内成分を標的とした分解プロセス。細胞の栄養状態が悪くなったときに働く。炭疽病菌の胞子を栄養が十分な条件におくと、オートファジーは起こらず、付着器を形成せず、感染行動を起こさない。

（注9）ペルオキシソーム……真核生物の細胞小器官の一つ。一重膜の球状構造をとり、脂肪酸のβ酸化、過酸化水素の生成・消去を行う。また、グリオキシル酸回路を有している。炭疽病菌では脂肪酸のβ酸化によって生成されるアセチルＣｏＡがメラニン合成系のスタート物質として利用される。

病気が生んだセイロンティー

日本とイギリスには、ともに島国という特徴がありますが、文化的にもお茶や庭園を大切にするといった共通点があります。イギリスのアフタヌーンティーという優雅な習慣は有名ですが、それに欠かせないセイロンティーの誕生に、実は植物の病気が深くかかわっていたことをご存知でしょうか？

インド洋に浮かぶセイロン島を領土とするスリランカ民主社会主義共和国は、紅茶の輸出量が現在世界一で、セイロンティーのブランドは世界的に有名です。しかし、歴史的には17世紀からコーヒーの栽培が始められ、19世紀の初頭にはコーヒーの産地として世界一でした。このコーヒーから紅茶へという劇的な転換を引き起こしたのが、実はコーヒーさび病という植物の病気だったのです。

この病気に罹るとコーヒーの葉の裏に鉄の赤さびのような斑点ができて、葉が枯れ落ち、最終的にはコーヒーの木そのものが枯死してしまうという恐ろしい病気です。スリランカで初めてこの病気が報告されたのは、1867年のことでしたが、そこから病気は徐々に広がり、1890年までにはスリランカ全土でコーヒー栽培に壊滅的な被害をもたらすことになります。1889年のスリランカのコーヒー輸出量は、被害を受ける前の5%程度にまで激減してしまいます。

この壊滅的な被害を受けたコーヒーの代わりに栽培が始まったのがお茶であり、これがセイロンティーの始まりとなりました。スリランカの気候は、お茶の栽培に適していたこともあって、現在では国を支える貴重な産業となっています。たかが病気、されど病気です。

第3章

植物はどうやって病気から自らの身を守るのか

第2章では、植物病原糸状菌が巧みな方法で宿主に感染する方法について解説しました。しかしながら植物側も病原菌の攻撃を一方的に受けているばかりではありません。植物も病原体の攻撃を跳ね返すさまざまな防御機構を進化の過程で獲得してきました。これに対して、病原菌のほうも、その強固な防御機構をかいくぐって宿主に感染する種々の武器を獲得しています。本章では、植物が病気から身を守る術を中心に、それに対する病原菌の対抗策も合わせて紹介しながら、解説していきます。

3-1 細胞の守りを固める

植物表層に病原菌は付着しにくい

植物葉の最外層は角皮（クチクラ）とよばれ、クチンやワックスなどの疎水性物質で覆われていますが、これには細胞を保護したり、細胞からの水分の蒸発を防ぐ働きがあることが知られています。葉に感染する病原菌は風雨により運ばれてきますが、まず葉上に付着しなければいけません。ところが、植物の葉の表面に雨滴などが載ると、雨滴はしみこまずに、まるくなって、表面で弾けたり、転がったりする様を目にしたことがある読者も多いのではないでしょうか。葉上のワックスは疎水性ですから、病原菌が懸濁された水滴は付着しにくいのです。これは、植物が病原菌からみずからを守る第一の手段といえます。（注1）私たちが病原菌を葉に接種する実験では、菌懸濁液に少量の界面活性剤を加えて、菌懸濁液が葉っぱから落ちにくくするという工夫をすることもあります。

病原菌の侵入経路

では、病原菌はどのようにして植物に侵入するのでしょうか。第2章でも説明したとおり、植物表層への付着に成功した一部の病原糸状菌は付着器を使って、クチクラ層を突破して細胞内に侵入してきます。これは植物をお城に喩えるなら、城壁に穴をあけるような戦術ですが、細菌やウイルスなどには、そんな芸当はとてもできませんし、糸状菌であってもクチクラ層を突破できない菌は少なくありません。そういった病原菌たちは、城壁の突破は諦め、ときどき開くことがある城門を目指すことになります。つまり植物の気孔や傷口などの自然開口部から、植物の内部（細胞間隙）に侵入するのです。

気孔は植物の表皮に存在する小さな孔で2つの唇型孔辺細胞が向かい合った構造です（図2-9B、図3-1参照）。この孔辺細胞の形が変化することにより孔の大きさが調節され、光合成、呼吸、蒸散などのために、外部と気体の交換を行っています。

外界に開いている気孔は植物病原菌にとっては、ありがたい侵入経路となります。[注2] 近年、モデル植物感染系としてよく研究されている植物シロイヌナズナとそれに感染するトマト斑葉細菌病菌（*Pseudomonas syringae* pv. *tomato*、以下Ｐｔｏと記します）の間に、この気孔を介した激しい攻防があることがわかってきました。

興味深いことに、Ｐｔｏは閉じた気孔には近づきませんが、開いている気孔に集まる性質をもっています。開いている気孔、あるいはそこから出ている気体に、Ｐｔｏにとって魅力的な未同定の物質が含まれており、それを感知しているのではないかと思われます。一方、シロイヌナズナのほうも病原菌Ｐｔｏの存在をキャッチすると素早く気孔を閉じてしまいます。どうやって病原菌の存在を知ることができるのでしょう？　実は植物病原菌だけでなく、たとえば大腸菌を葉っぱの上に載せても気孔は閉じてしまいます。

シロイヌナズナに限らず植物は、さまざまな微生物の存在を感知できます。手がかりにしているのが、**微生物関連分子パターン**（Microbe-Associated Molecular Pattern、**MAMP**）あるいは**病原菌関連分子パターン**（Pathogen-Associated Molecular Pattern、**PAMP**）とよばれるものです。ＭＡＭＰやＰＡＭＰは、微生物には広く共通して存在し、植物自身はもっていないような分子構造を指します。ＭＡＭＰもＰＡＭＰもほぼ同様の分子パターンを指しますので、本書では以下、ＰＡＭＰ

のほうを使用することにします。

細菌のＰＡＭＰの代表例としては**べん毛**[注3]のタンパク質が挙げられます。べん毛は細菌が運動するために使う器官で、ほとんどの細菌が保有し、その構造も比較的保存されています。植物はそういったＰＡＭＰにより病原菌の存在を認識すると、気孔の閉鎖をはじめ、いろいろな防御応答を始動します。気孔を閉められるとＰｔｏは侵入することができません。

ところが、敵も然る者。病原菌側も巧みな方法で閉ざされた気孔をこじあけるのです。たとえばＰｔｏはコロナチンという毒素を分泌します。コロナチンは、植物ホルモンのジャスモン酸メチルによく似た化学構造をしています。ジャスモン酸メチルは、気孔の閉鎖を誘導することが知られており、Ｐｔｏは植物ホルモンと構造が似たコロナチンを使って、この経路をじゃますることで気孔を開けるとする仮説が提唱されています。植物のホルモンシグナル経路を乗っ取るような戦略です。詳細な作用機構については異説もありますが、ともかくコロナチンを処理すると、数時間で気孔は再び開口します。

では、コロナチンを生産しないほかの病原菌はどのようにして侵入するのでしょうか。実はコロナチンを生産しないタバコ野火病菌やアブラナ科植物黒腐病菌などの細菌も、接種すると、いったん宿主植物の気孔は閉じますが、その後、再開口します。何が気孔を開けているのか、物質としてまだ同定されていませんが、コロナチンと同様な機能をもつ毒素が関与している可能性が

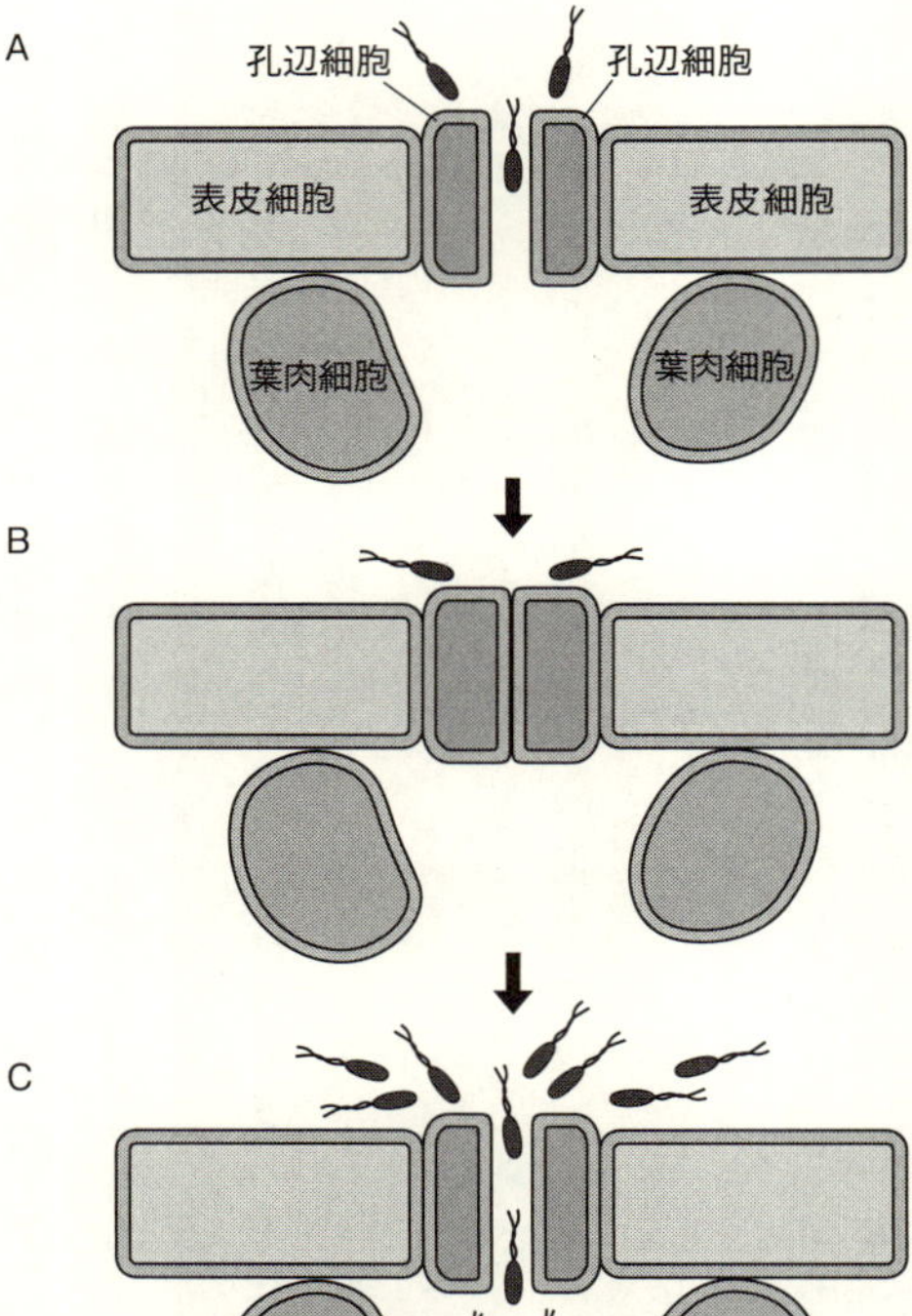

図3-1　細菌感染と気孔の開閉（葉の断面模式図）

A　細菌の侵入口としての気孔

B　接種1時間後、細菌を感知した植物は気孔を閉鎖する

C　接種3時間後、気孔はコロナチンなどの作用により再開口する

高いと思われます（図3−1）。

植物細胞壁の役割

植物細胞は動物細胞と異なり細胞の外側に細胞壁をもっています。細胞壁が病原菌に対する強固な防御壁として機能することは、第2章でも述べましたが、ここではもう少し詳しく細胞壁の役割について紹介します。

細胞壁にはセルロース、ヘミセルロースやペクチンのほかに、リグニンもたくさん含まれています。リグニンは、植物のいわゆる木化に関与するフェノール性の化合物です。植物の木質化した部分は、リグニンの単量体がランダムに重合してできる三次元網目構造となっており、難分解性であることが知られています。日本で長らく木材が住宅などの資材として使われてきたのは、これらが簡単には分解されないからであり、実際、リグニンを分解して利用できる微生物はごく限られています。植物は病原菌の存在を認識するとリグニン合成に結びつく酵素や細胞壁を強化するタンパク質の遺伝子を活性化させたり、活性酸素によりリグニンなどの重合を促進して細胞壁を強くしたりします。

このように細胞壁は、細胞の外側部分に存在して細胞を保持・強固にする物理的な構造物として働きますし、それを主要なものとする見方はけっして間違いではないのですが、近年、その役割はそれだけではないことも次々とわかってきています。細胞壁はタンパク質を多く含み、隣の細胞との間でシグナルを伝達させたり、ペルオキシダーゼとよばれる過酸化酵素で活性酸素を生産するなど、従来考えられていたより、もっと動的な器官であることを示す知見が次々と得られているのです。

たとえば、植物細胞壁にあるポリガラクチュロナーゼ阻害タンパク質も病原体からの守りに貢献しています。植物病原菌は植物細胞壁のペクチンを分解する酵素であるポリガラクチュロナーゼを分泌して植物を加害することが知られていますが、植物はこの酵素活性を阻害するタンパク質を分泌して、細胞壁の構成成分としているのです。

ポリガラクチュロナーゼとその阻害タンパク質とが結びつき複合体を形成すると、ペクチンを完全に分解することができず、部分的に分解されたオリゴ糖が生成されます。興味深いことに、この部分的に分解されたペクチンのオリゴ糖は、植物細胞に認識され、病害抵抗反応を引き起こすことが明らかとなっています。植物の防御応答を引き起こす物質を総称して**エリシター**とよびますが、先に紹介したＰＡＭＰはその典型例ですし、ペクチンのオリゴ糖のような自己の細胞に由来する物質も、エリシターになるのです。これは植物が、自身の細胞が加害されたことを知るための巧妙な仕組みと考えられています。

（注1）**病原菌が懸濁された水滴**……懸濁とは微粒子が液体中に分散した様子。菌体や胞子を水に混ぜたものは、溶液ではなく、懸濁液とよぶ。

（注2）**トマト斑葉細菌病菌（*Pseudomonas syringae* pv. *tomato*）**……pv. は pathovar（病原型）の略記。*Pseudomonas syringae* という種名の病原細菌は、感染できる植物種や葉枯れやコブなど病気の症状によって、50ほどの病原型に分類される。

（注3）**細菌べん毛**……真核生物の鞭毛も細菌べん毛も繊維状の運動器官であるが、鞭打ち運動する真核生物の鞭毛と異なり、細菌のべん毛はスクリューのように回転運動をする。両者を区別するために細菌の運動器官は「べん毛」と使い分けている。

3-2 化学兵器による防御

先在抗菌性物質ファイトアンティシピン

植物の表層の構造や細胞壁の強化は、ある意味、病原菌を物理的な方法で防御する機構でしたが、植物の病害防御戦略はそれだけではありません。実は、多くの植物は病原菌に対抗する「化学兵器」をもっています。次は、この植物の「化学兵器」について紹介します。

植物の「化学兵器」は、病原微生物を殺す殺菌作用や、その活動を抑える静菌作用をもつ化学物質のことです。そういった物質の中でも、病原菌の攻撃を受ける前から存在する低分子の抗菌性物質を総称して**ファイトアンティシピン**とよびます。これらはさらに、病原菌の攻撃を受ける前から抗菌性を示す濃度で存在している**プロヒビチン**、攻撃前は低濃度で存在し、感染後に抗菌性を示す濃度に達する**インヒビチン**、攻撃後に、簡単な化学変化を起こして合成される**ポストインヒビチン**というふうに分類されています。

こういったファイトアンティシピンには多くの例があり、ここですべてを紹介することはできませんが、有名なところで言えば、お茶の成分として有名なカテキンが挙げられます（図3-2）。これはプロヒビチンの代表例です。カテキンは、病原菌の付着器形成と侵入を阻害する感染阻害因子として知られています。カテキンはお茶の葉だけでなく、ソラマメ、ブドウ、イチゴなどにも含まれています。

また、タマネギの鱗茎最外皮層が橙褐色に着色している品種は着色していない品種に比べてタマネギ炭疽病に対する抵抗性が強いことが知られています。これは着色部分にはタマネギ炭疽病菌の胞子発芽を完全に阻害する量のカテコールとプロトカテク酸が含まれているためです。これ

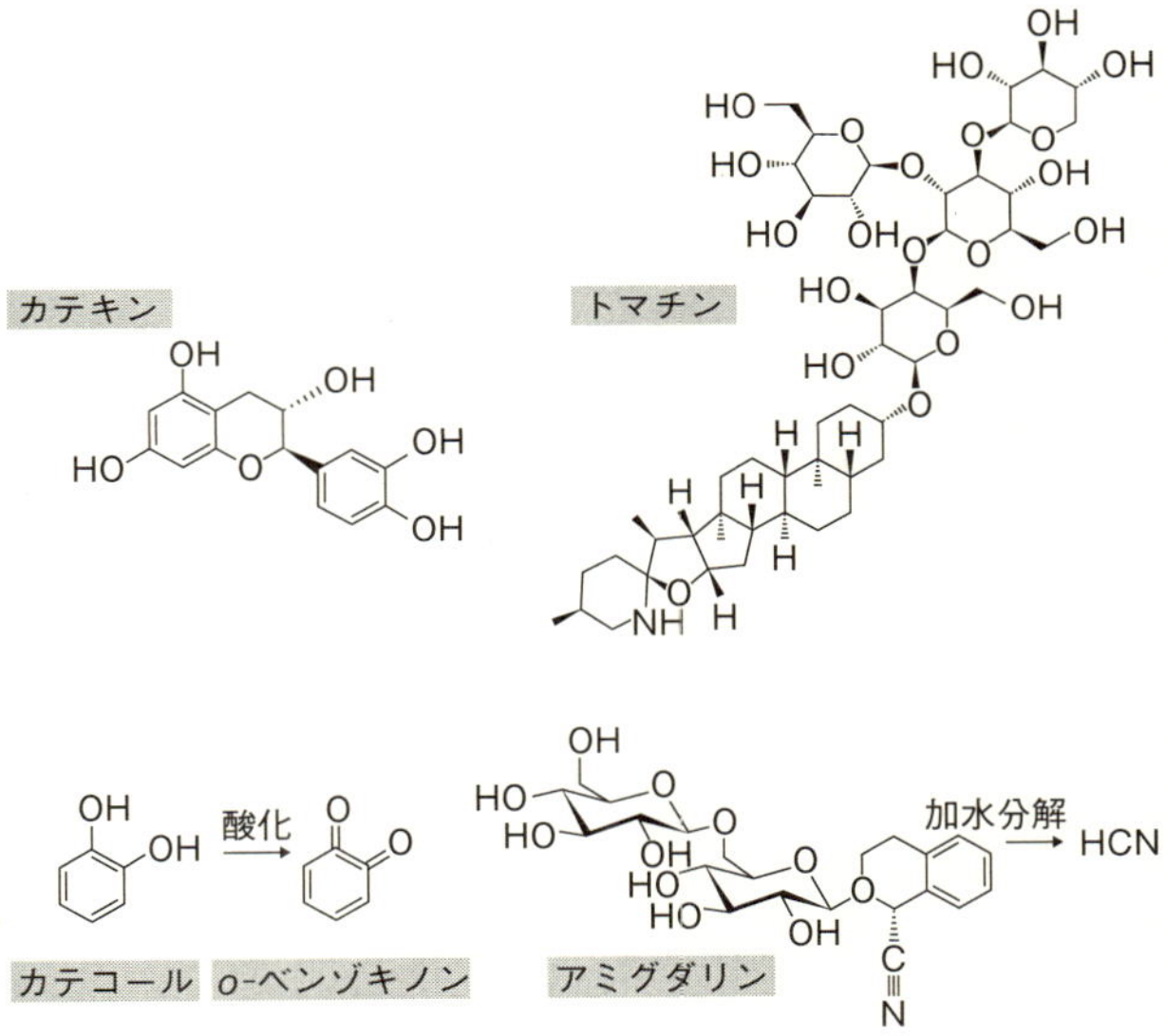

図3-2　さまざまなファイトアンティシピン（先在抗菌性物質）

らポリフェノール類は多くの植物に含まれていますが、病原菌により酸化されることで、さらに抗菌性が増し、病原菌の生育を阻害します。

また、多くのバラ科植物に含まれる配糖体、アミグダリンは病原菌の侵入を受けると加水分解されて青酸を生じるポストインヒビチンです。アミグダリンの場合、青酸が菌に毒性を示すと考えられています（図3-2）。

このように植物の化学兵器はとても有効に機能しているように思えますが、例によって病原菌側も黙ってやられているだけではありません。敵の化学兵器に対抗する「化学兵器」をもっているのです。たとえばオートミールの材料となるエンバクの根にはアベナシンという抗菌性物質が含まれており、コムギの立枯病菌に対しては、その抗菌性で感染を許しません。

しかし、エンバクの病原菌であるエンバク立枯病菌は、アベナシンを分解する酵素をもっており、この化学兵器を無効にしてしまうのです。同様な例はトマトの抗菌性物質トマチンでも見られます。糖アルカロイドであるトマチンは、トマトの茎や葉に含まれていて抗菌作用をもっていますが、トマトに感染できるトマト萎凋（いちょう）病菌は、トマチナーゼというトマチン分解酵素を生産しているため、この化学兵器を無効化して感染することができるのです。

ファイトアレキシンの発見

序章で紹介したジャガイモ疫病菌とジャガイモの品種の間には、ほかの植物と病原菌の関係と同じように、宿主特異性があります。１９４０年にミューラーとベルガーは、ジャガイモ塊茎に本来は感染しない疫病菌を接種した後に、親和性の疫病菌を接種すると、本来感染可能な親和性の菌にもかかわらず感染できなくなることを見いだしました。彼らは非親和性菌を接種した組織には、病原菌の生育を阻害する物質が生産されると考え、これを植物防御因子**ファイトアレキシン**（phyto＝植物、alexin＝防御因子）と名づけました。その後、研究の進展により定義が見直され、現在では、ファイトアレキシンは「微生物の攻撃によって植物中で新たに生合成される低分子の

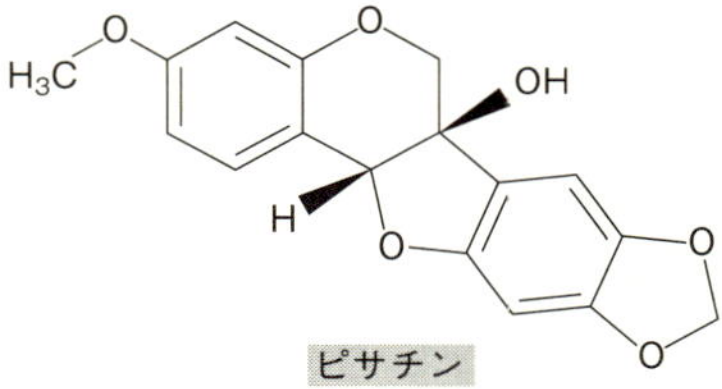

ピサチン

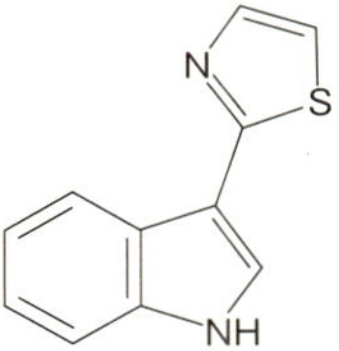

カマレキシン

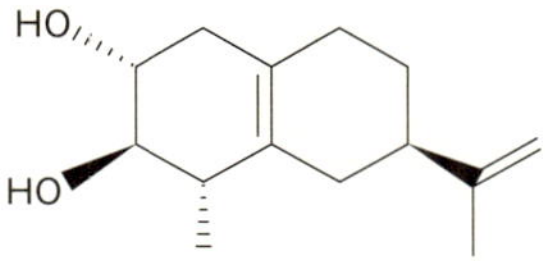

リシチン

図3-3　さまざまなファイトアレキシン

抗菌性物質」とされています。

このファイトアレキシンを単離・同定しようとする研究が始まりましたが、ミューラーは、その端緒となる実験をジャガイモではなく、インゲンを用いて行っています。インゲンの莢（さや）を割って、そこに非病原性の灰星病菌の懸濁液を入れ、24時間後にそれを回収し、菌を除いた液に抗菌活性があることを実証したのです。この方法を液滴滲出法といいます。この研究を継承したクルックシャンクらは、液滴滲出法をエンドウとエンドウ褐斑病菌に適用し、1960年に世界で初めてファイトアレキシン（ピサチン）の化学構造の決定に成功しました。その後、多くの植物でファイトアレキシンが単離・同定されることになりました（図3-3）。

我が国においてもファイトアレキシン研究は盛んで、1968年に名古屋大学の冨山宏平（当時の所属は北海道農業試験場）は、ジャガイモから単離したファイトアレキシンをリシチンと命名し、ミューラーらのファイトアレキシン仮説を実証しました。また、当時ファイトアレキシンと認識されていませんでしたが、樋浦誠により黒斑病菌に感染したサツマイモ塊茎から苦み成分としてイポメアマロンが単離されたのは1943年のことでした。イポメアマロンの病理学的、生理学的研究は瓜谷郁三らにより進められ、イポメアマロンが菌の感染後に合成される抗菌性物質であり、現在ではファイトアレキシンであると考えられています。つまりピサチンが発見される以前にわが国で、初めてのファイトアレキシンが発見されていたことになります。1970年代はマメ科のピサチンやグリセオリン、ジャガイモのリシチン、エンバクのアベナルミンなどのファイトアレキシン研究が、日本でもっとも盛んであったころです。

それではファイトアレキシンは実際、どれくらい病原菌に対する抵抗性に貢献しているのでしょうか。岡山大学の奥八郎らは、エンドウの病原菌とエンドウに感染できない病原菌のそれぞれがピサチンに対してどの程度感受性をもつのか調べました。エンドウの病原菌である褐斑病菌、根腐病菌を、100ppmのピサチンを含む培地で培養したところ、菌の発育が30％しか低下しませんでしたが、エンドウに感染できないネギ腐敗病菌、インゲン炭疽病菌、キャベツ根朽病菌などは50ppmのピサチンによって生育が90％以上も阻害されたのです。すなわち、ファイトアレキシン（この場合はピサチン）に対する感受性は、病原菌の種類によって大きな差があり、エンドウの病原菌は、ピサチンに対して耐性をもっているため、生育阻害を受けにくく、感染できることが示されました。

こういった研究の中から、意外なこともわかってきました。エンドウうどんこ病菌をエンドウに接種すると菌は増殖し、病徴は進展します。接種4日後には菌の生育伸長に伴ってピサチンを生産する細胞が増えるため、新鮮な葉1gあたり300μgものピサチンが蓄積します。しかし、あろうことか、エンドウはこの大量のピサチンが原因で枯れてしまうのです。エンドウ葉から細胞壁を取り除き、個々の細胞を浮遊させて、そこに終濃度250ppmになるようピサチンを加えると、1時間半ですべての細胞が破裂してしまいました。エンドウはみずから合成したピサチンにより枯死してしまったともいえます。植物は、病原菌に対抗するファイトアレキシンという化学兵器を獲得しましたが、その代償は決して小さくはなかったようです。

また、このピサチンの細胞毒性は、微生物や植物に対してだけのものではありませんでした。100ppmのピサチンはヒトの赤血球を即座に変形させて、カリウムイオンの漏出を引き起こすことが報告されています。サツマイモのファイトアレキシンであるイポメアマロンも動物に対する毒性が報告されており、少なくともファイトアレキシンのいくつかは抗菌性を示すだけではなく、植物細胞にも動物細胞にも悪影響を与えることがわかっています。

ちなみに、先のファイトアンティシピンであるアベナシンやトマチンの例では、病原菌がこれらを分解する酵素をもって対抗していましたが、ここでもそのような敵が放った武器（ファイトアレキシン）を無効化する手段をもつ、病原菌はいないのでしょうか？　残念ながら、やっぱりいます。実際、複数の病原菌がこのピサチンに存在するメチル基を除去する酵素をもっていることが発見されています。メチル基を取り除かれたピサチンにはもはや抗菌活性はなく、つまり、この酵素をもっている病原菌はピサチンに対して耐性です。ここでも一筋縄ではいかない病原菌と植物の関係が見えてきます。

ＰＲタンパク質

植物が病原菌の感染を受けた場合には、新たに転写が活性化して多くのタンパク質の生成が誘導されることが、今では網羅的な遺伝子発現解析で明らかにされていますが、その中に**ＰＲタンパク質**（pathogenesis-related protein）と総称される一群の防御タンパク質があります。ＰＲタンパク質は、その構造や機能から17のファミリーに分類されており、たとえば、糸状菌の細胞壁を構成するキチンやグルカンを分解するキチナーゼやグルカナーゼ、糸状菌や細菌に抗菌性を示すディフェンシンやチオニン、卵菌に対して抗菌性を示すＰＲ-1やソーマチン様タンパク質、ウイルスに対する防御としてリボヌクレアーゼなどが知られています。ＰＲタンパク質の中にはまだ

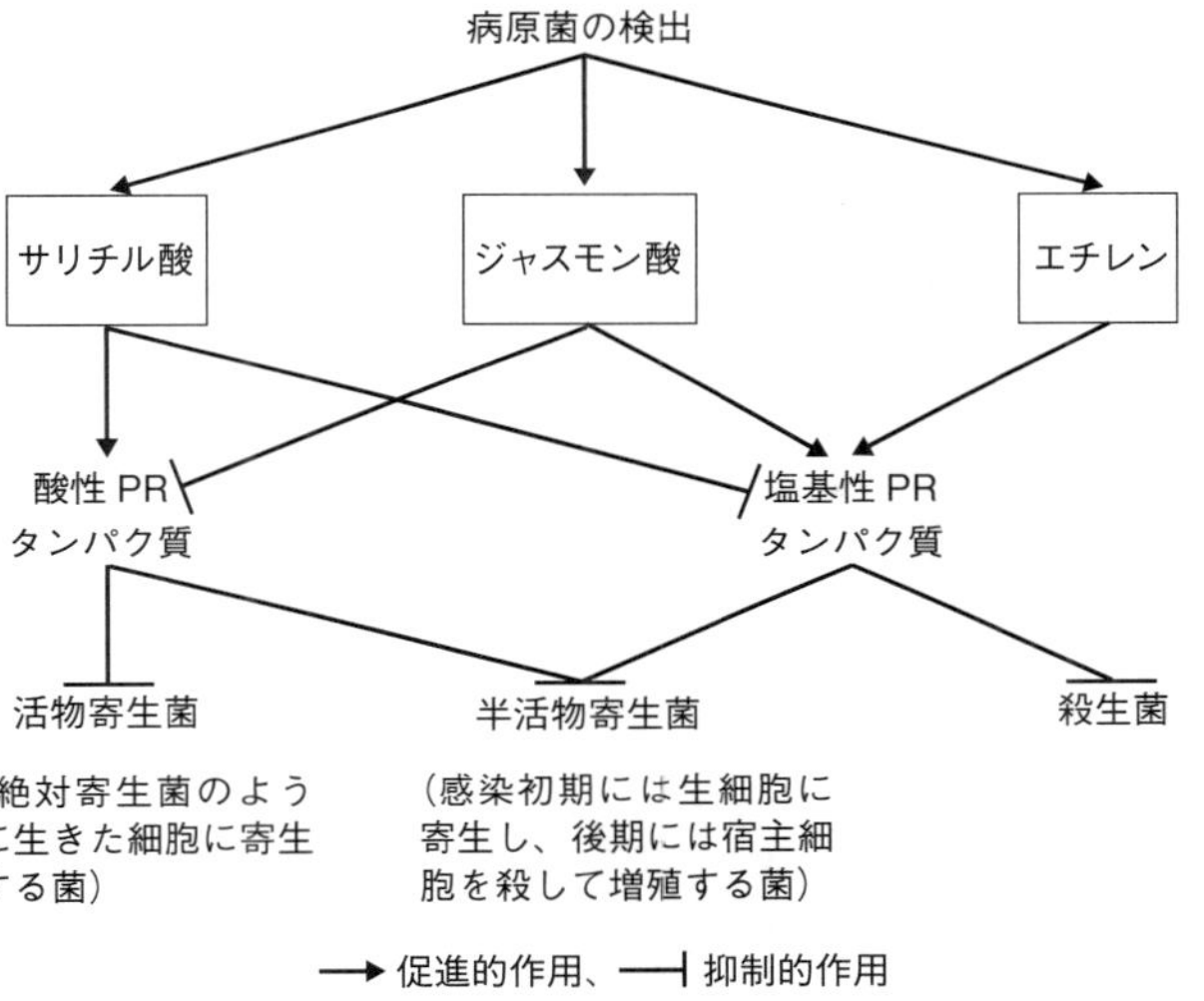

図3-4 サリチル酸、ジャスモン酸、エチレンなどを介した病原抵抗性シグナル伝達

機能が不明のものもありますが、抗微生物活性を示すものも多く、「誘導性の防御関連タンパク質」として整理することができます。

　これらのPRタンパク質の生産はエチレン、ジャスモン酸、サリチル酸などの植物ホルモンの処理や傷処理によっても誘導されます。ジャスモン酸は、当初ジャスミンからの香気成分として単離されたホルモンですが、傷害ストレスに応答して合成されるストレス耐性誘導ホルモンとして現在は知られています。PRタンパク質には、細胞外に分泌されるグループと、植物細胞における不要物の貯蔵庫である液胞に局在するグループが存在します。このうちサリチル酸は細胞外に分泌される酸性PRタンパク質の発現を誘導し、エチレンやジャスモン酸は液胞に局在する塩基性PRタンパク質の発現を誘導します。

植食昆虫による食害や殺生菌の感染時に液胞が破壊されると、そこに局在していたPRタンパク質が直接昆虫や殺生菌に対し働きかけ、その生育を阻害すると考えられます。一方、絶対寄生菌や条件的腐生菌が感染した場合、植物細胞はまだ生きていて、ウイルスの場合を除いて病原体は植物細胞外にいます。そのような場合には分泌性のPRタンパク質が効率的な抗菌活性を示すと考えられます。このように病原体の栄養摂取の方法、言い換えると感染様式により効果的な防御手段も変わってくるのです。

少し困ったことには、サリチル酸はジャスモン酸の合成やジャスモン酸による防御応答の誘導を抑制し、それとは反対にジャスモン酸はサリチル酸の合成とサリチル酸による防御応答の誘導を抑制することがわかっています。それゆえにサリチル酸経路が活性化した植物は、絶対寄生菌には抵抗性を示しても、逆に殺生菌に対する親和性は高まってしまうことが起こりえます。同様にジャスモン酸経路が活性化された植物は、殺生菌には抵抗性を示しても絶対寄生菌に対する親和性は高まってしまうのです。なかなかオールマイティの抵抗性というのは難しいようです（図3-4）。

さて、先ほどファイトアレキシンは動物に毒性をもつ例があると紹介しましたが、PRタンパ

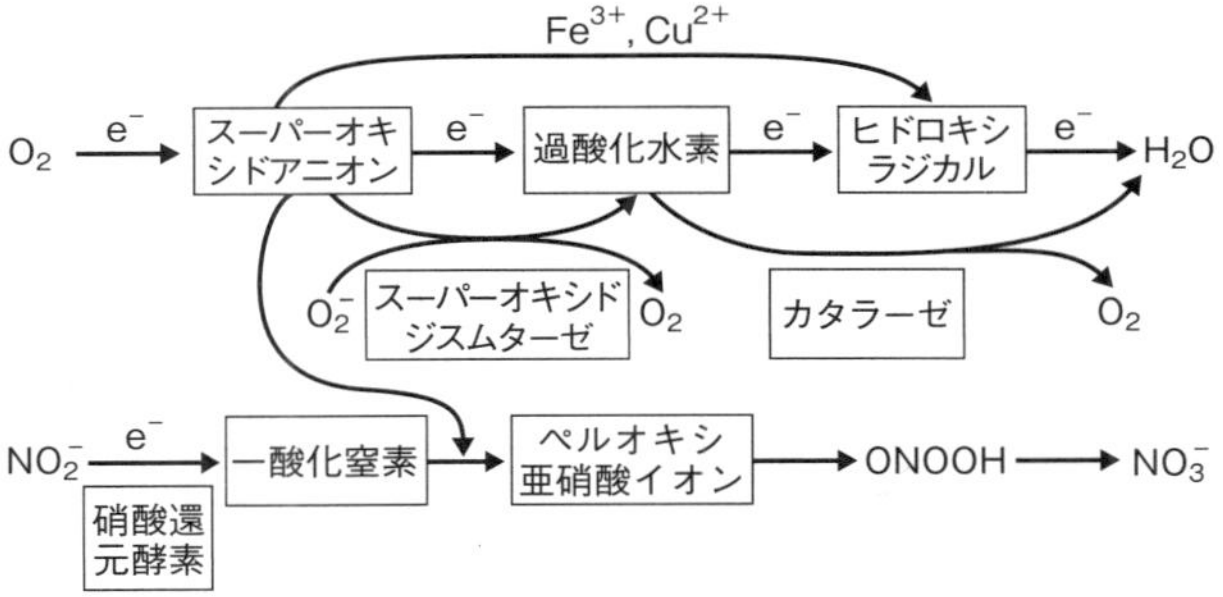

図3-5　オキシダティブバーストの機構

ク質はどうなのでしょうか？　PRタンパク質の構造は多様ですが、それらの多くのメンバーがタンパク質を分解する酵素活性に対して耐性で安定性の高いタンパク質であり、私たちにとってはアレルギーを誘引する物質、アレルゲンになるものも知られています。病原菌が感染した野菜や果物には、種々の抗菌性物質（タンパク質を含む）が蓄積します。「虫も食べない野菜」が安全なわけはないという俗説がありますが、科学的にはそんな単純な話ではないといえそうです。

オキシダティブバースト

私たちが転んですり傷を負ったときに、よくオキシドール（日本薬局方名）を使って消毒をしますが、それは3％程度の過酸化水素水です。過酸化水素（H_2O_2）をはじめ、スーパーオキシドアニオン（O_2^-）、ヒドロキシラジカル（・OH）などは総じて**活性酸素**とよばれます。広義には一酸化窒素（NO）やペルオキシ亜硝酸イオン（$ONOO^-$）などの活性窒素種も含まれます（図3-5）。これらの分子は化学的反応性に富み、直接的な殺菌作用、細胞壁でのヒドロキシプロリンに富む糖タンパク質の酸化的架橋反応の促進、PRタンパク質の生産を誘導するサリチル酸経路の活性化などにより、病原菌の伸展阻害に働くことがわかっています。

1983年、名古屋大学の道家紀志（のりゆき）は非親和性のジャガイモ疫病菌を接種したジャガイモにおいて、細胞侵入直後に局所的に活性酸素（O_2^-）が生成されることを報告しました。このような感染現場における局所的で急激な活性酸素種の生産を**オキシダティブバースト**とよんでいますが、今では病原菌やウイルスの感染時や傷害ストレスを受けたときにも、生産されることがわかっています。

一方で、植物病原糸状菌も植物感染時に活性酸素を発生させていることが、明らかにされました。ナシ黒斑病菌を宿主ナシ葉に接種すると、発芽したナシ黒斑病菌は発芽管の先端に付着器を形成します。その付着器の底から植物細胞壁を貫通する特別な感染構造である貫穿糸が形成されますが、神戸大学の朴杓允（ボクシヨウイン）らは宿主のペクチン層にこの貫穿糸が到達するとその周辺に活性酸素が局所的に生産されることを発見しました。活性酸素の量は感受性ナシに接種したときのほうが多く、抵抗性ナシの場合はあまり生成されません。接種するとき、抗酸化剤として知られるビタミンCや活性酸素生成酵素の阻害剤を処理すると、感受性ナシでも活性酸素は生成されず、ナシ黒斑病菌は侵入に失敗してしまいます。活性酸素は貫穿糸の構造強化に貢献している病原力の一つと考えられます。このように活性酸素という毒性物質は宿主も病原体も互いに利用し合っているのです。

敵の敵は味方？

植物の「化学兵器」というわけではないですが、化学物質を使ったちょっと変わった植物の防御戦略を最後に紹介します。植物の敵は病気だけではなく、昆虫による食害があります。こういった植物を加害する昆虫によって、植物ウイルスの多くが運ばれてきますし、ファイトプラズマなどの一部の植物病原細菌も同じように昆虫によって媒介されます。

おもしろいことに、植物はこういった加害昆虫を防御するために、その昆虫の捕食性天敵をよび寄せるにおい成分を、加害されたときに、生産・放出することがわかってきました。たとえば、リママメ、リママメを食するナミハダニ（植食者）、ナミハダニを食するチリカブリダニ（捕食性天敵）の関係です（図3-6）。ナミハダニは0・6㎜程度の小さな植食性ダニですが、植物体上で爆発的に増えるので植物に大きな害を及ぼします。ナミハダニに食害を受けたリママメはチリカブリダニを誘引する揮発性物質を誘導的に生産します。誘引性のにおいを嗅ぎつけたチリカブリダニは、効率的にナミハダニを見つけ捕食します。いわばリママメにとってチリカブリダ

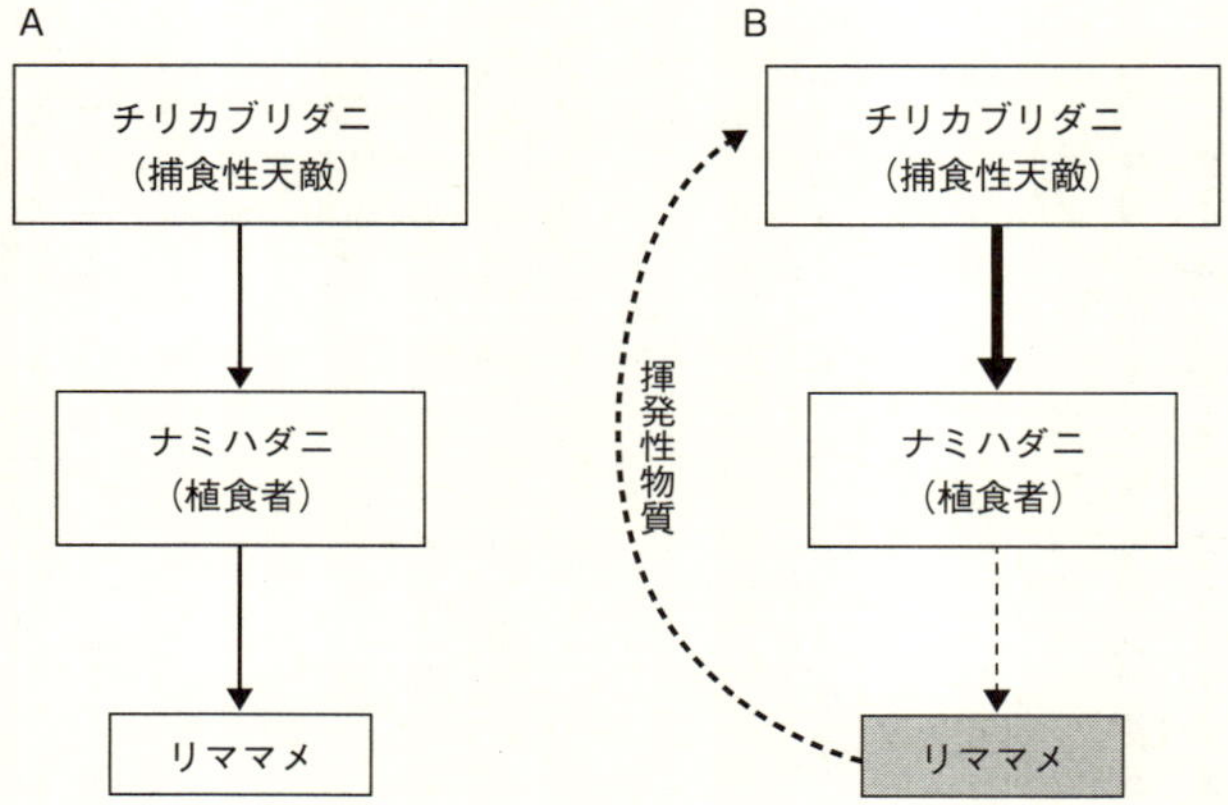

図3-6 植物－植食者－捕食者による三者生態系

A 食物連鎖、B 三者系、植食により植物代謝系に変化が起こり、捕食性天敵を誘引する揮発性物質が放出される

ニはボディガードといえます。

捕食者を誘引する揮発性物質の合成は植食者の唾液中に含まれる物質によって誘導されるほか、食害によって生産される傷害ホルモン、ジャスモン酸の処理によっても誘導されます。さらに食害を受けた植物が存在すると、揮発性物質の影響でその周辺の食害を受けていない植物でも防御遺伝子の発現が活性化することも見いだされました。植物は動けませんが、こういった揮発性の化学物質を使って、周囲とのコミュニケーションやSOSシグナルを出しているのです。けっして、やられっぱなしということではなさそうです。

3-3 植物の焦土戦術である過敏感反応

　肉を断らせて骨を断つという言葉があります。その意味するところは、自分も相当のダメージを受けるが、相手にそれ以上の決定的なダメージを与えるということで、つまり、捨て身の覚悟で戦うということです。まさにこの言葉のような戦い方を植物が行うことがあります。それは**過敏感反応**（hypersensitive response）とよばれています。これは一種の焦土戦術であり、病原体が侵入した部位において、先に説明したファイトアレキシンなどの抗菌物質の生産と同時に、侵入を受けた細胞、場合によってはその周りの細胞がみずから積極的に死んでいくというものです。ある意味、病原体を巻き込みながら心中でもするような感じです（図3-7）。

病原菌を巻き込んで細胞が心中する

　植物はさまざまな病原体からの攻撃を日々受けているのですが、その植物が病原体の本来の宿主でないなら、病原体は植物の抵抗反応によってたちまちに撃退されてしまいます。たとえば、イネいもち病菌は、日本の稲作での最重要病害ですが、この菌が仮にトマトを襲おうとしても、トマトにはまったく歯が立ちません。逆もしかりで、トマトの病原菌はイネには歯が立ちませ

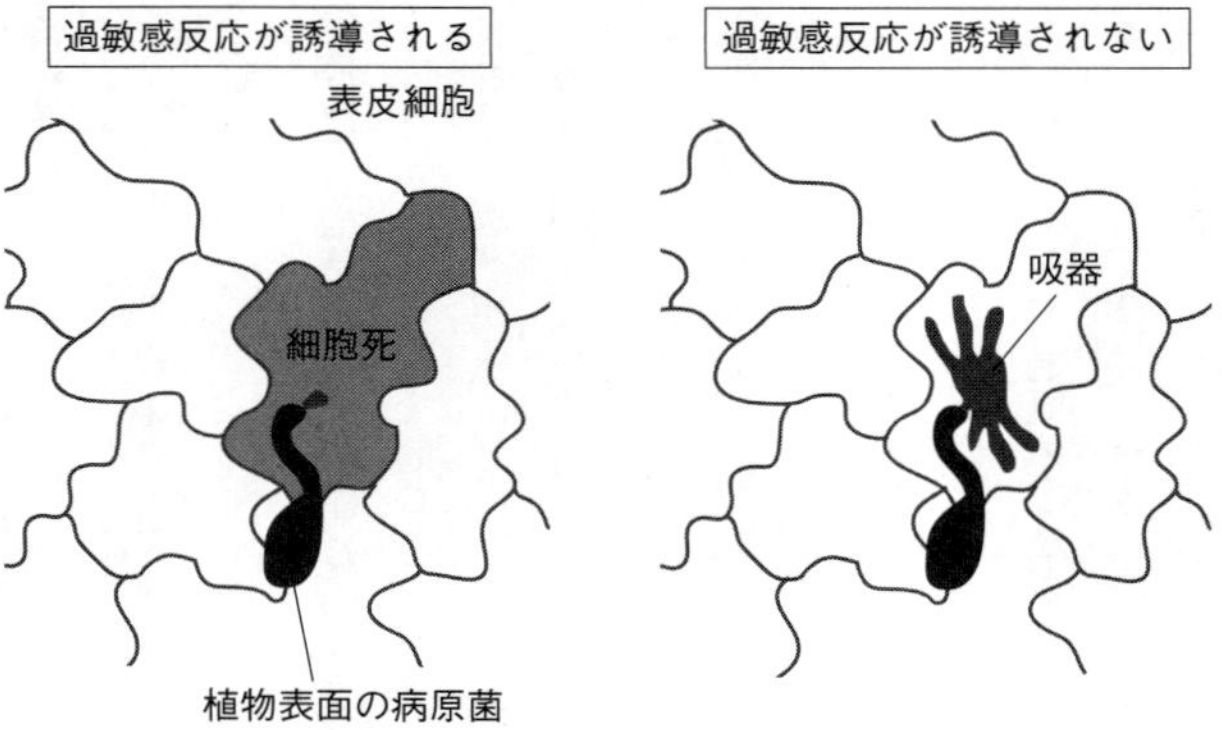

図3-7　過敏感反応とよばれる植物の防御反応

過敏感反応は自身の細胞死も伴う強い防御反応である。病原菌は宿主植物に侵入した後に、栄養獲得のために吸器などの器官を形成するが、過敏感反応が起こると吸器形成などの感染行動が封じられる

ん。このように、その植物を本来の宿主としていない敵に対しては、植物は過敏感反応という伝家の宝刀を抜くことはなく、これまで紹介してきたような細胞壁の強化や、抗菌物質を作るだけで十分に対応できます。しかし、それらとは違う敵がやってくることがあります。つまり、植物側の手の内を十分に知りつくしている相手です。先ほどの例に沿って説明すると、イネがイネいもち病菌に襲われたときです。そのような病原体の攻撃を受けたとき、植物はこの伝家の宝刀を抜き、みずからの細胞の死を伴う生体防御反応で敵を殲滅（せんめつ）するのです。もちろん、イネいもち病菌がイネに勝利することも多く、過敏感反応を起こせるかどうかは、イネいもち病菌の系統とイネの品種の組み合わせにかかっていいま

す。

この過敏感反応という現象は、イギリスの研究者であるハリー・マーシャル・ワードが、スズメノチャヒキ属植物におけるさび病の研究によってはじめて発見し、1902年に報告しています。そして、1915年に米国の研究者であるエルビン・チャールズ・ステークマンによって、この現象が過敏感反応と名付けられました。この現象は、非常に明瞭な変化を伴うので、早い時期に発見されていたのですが、実はその分子機構については、いまだわかっていないことだらけです。

過敏感反応を起こすのは、多くの場合は強敵と遭遇したときと説明しましたが、どのようにして植物が強敵の存在を感知するか（言い方を換えれば、自分を宿主としない病原体と自分を宿主とする恐ろしい病原体をどのようにして区別しているのか）については、現在少しずつ詳細がわかりつつあり、それについては第4章で詳しく説明します。ここでは、どのような仕組みで植物がみずからの細胞を死に導くのか、つまり、いかにして植物は死んでいくのか、というもう一つの重要な問いについて、これまでにわかっていることを紹介しましょう。

アポトーシス、そして、液胞プロセシング酵素VPE

アポトーシス（apoptosis）とよばれる細胞死が動物においては知られています。生物のプログラムされた細胞死の代表格であり、カスパーゼ(注4)と総称されるプロテアーゼが中核的な役割を担うことが特徴であり、動物の発生過程などで重要な役割を演じています。たとえば、オタマジャクシがカエルに変態するときに、尻尾がなくなりますが、これはアポトーシスによるものです。ちなみに、このアポトーシスは、ギリシャ語のapo-（離れて）とptosis（下降）に由来しており、枯れ葉などが木から落ちる様から言葉ができたといわれています。過敏感反応における細胞死もプログラムされた細胞死であると考えられるのですが、いまのところ、アポトーシスとはかなり違うメカニズムによって細胞死が実行されていると考えられています。アポトーシスでは、その死ぬ過程で核が凝縮し、そして、DNAが断片化されます。このときのDNAの断片化はランダムに起きるのではなく、DNAがヒストンに巻きついたヌクレオソーム(注5)単位で、つまり、ヌクレオソームとヌクレオソームをつなぐDNA（リンカーDNA）部分において切断が起きます（図3-8）。

そのため、そのDNAをゲル電気泳動(注6)とよばれる実験によって、分子量の大きいものから小さいものに順に並べてみると、断片化されたDNAは美しい梯子状になり、これはDNAのラダー化ともよばれます（ラダーは英語で梯子の意味）。

一方、DNAの断片化がランダムに起きる場合は、ゲル電気泳動においてラダー化は観察されず、分解されたDNAが泳動したレーン全体にべったりと観察されます。これまでの研究から

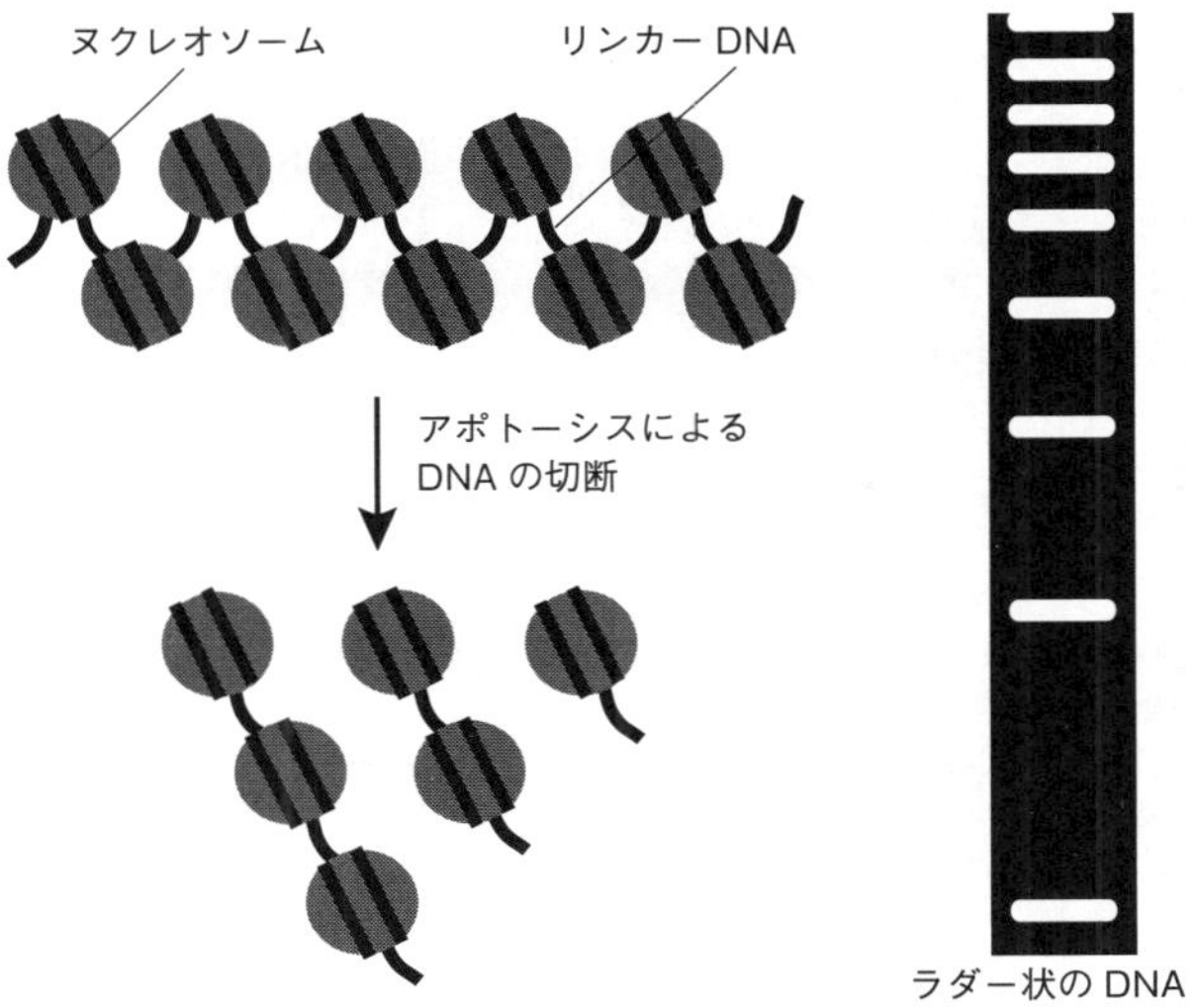

図3-8　アポトーシスにおけるDNAのラダー化

動物細胞においてアポトーシスが活性化すると、ヌクレオソームをつなぐリンカーDNAにおいて切断が起きる。この場合、切断されたDNAの長さはヌクレオソームが1つ分の長さ、2つ分の長さ、というように規則正しいものになる。これを電気泳動したイメージが向かって右の図であり、泳動されたDNAは梯子（ラダー）状のパターンを示す

は、過敏感反応を起こした植物細胞においては、ごく少数の例を除いて、このDNAのラダー化は明確には観察されていません。このように過敏感反応における植物細胞死は動物のアポトーシスとは様相が異なっています。

しかし、過敏感反応の細胞死とアポトーシスとの部分的な類似性を示す報告もあります。植物は、カビや細菌だけではなく、ウイルスの侵略に対しても、過敏感反応を誘導することがで

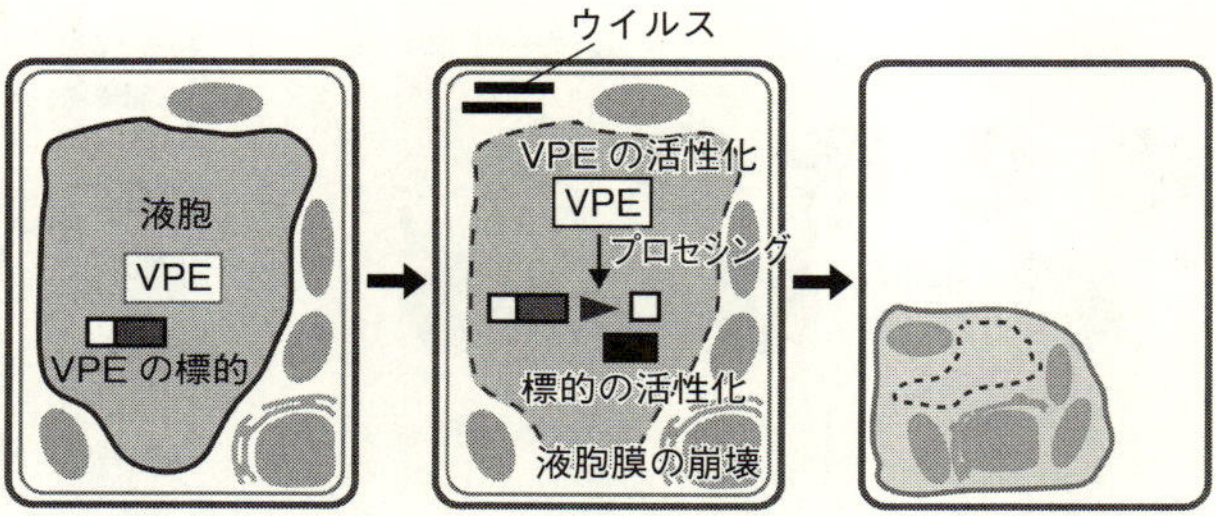

図3-9 液胞プロセシング酵素VPEによる過敏感細胞死の実行
植物ウイルスが存在していないとき、VPEは不活性型で存在している。植物ウイルスが侵入すると、VPEは活性化して、その標的を特定の場所で切断し（プロセシング）、結果として標的が活性化する。この標的はまだ見つかっていないが、この標的の活性化が液胞の崩壊をもたらし、最終的に植物細胞は死にいたる

きます。

たとえば、タバコモザイクウイルスというウイルスに対して、タバコが過敏感反応を起こすことはその代表例です。ウイルスに対するこのタバコの過敏感反応には、先ほど述べたアポトーシスの立て役者であるカスパーゼと類似した酵素活性をもつプロテアーゼが重要な役割を担っていることが明らかにされています。この研究は、京都大学の西村いくこの研究チームが中心となってなされたものですが、興味深いことに、研究チームがVPE（vacuolar processing enzyme）と名付けたプロテアーゼは、液胞（vacuole）に存在していました（図3-9）。これは動物のカスパーゼが細胞質基質に存在するのとはまったく異なっています。では、このVPEは液胞で何をしているのでしょう？

液胞で働くタンパク質の多くは、不活性型として液胞内に輸送されたあと、別のタンパク質によって切断されることにより、活性型に変換されます。ＶＰＥはこの活性型への変換を行うプロテアーゼであり、標的となるタンパク質の分子表面に露出しているアスパラギン残基あるいはアスパラギン酸残基を切断します。

では、このＶＰＥの働きによって、つまるところ、何が起きるのでしょう？　過敏感反応を制御するＶＰＥが標的とするタンパク質はいまだ見つかっていないのですが、ＶＰＥの働きによって、液胞を囲んでいる膜が崩壊していくことがわかっています。おそらくですが、ＶＰＥが標的とするタンパク質の活性化が液胞膜の崩壊を導いているのでしょう。液胞膜が崩壊すれば、さまざまな分解酵素を含むその内容物が細胞質になだれこみ、結果として細胞が死に導かれるのは容易に想像できます。ダムが決壊するような感じなのかもしれません。液胞は植物細胞では非常に発達している一方、動物細胞ではそうではありません。過敏感反応において、植物がこの液胞をつかってプログラムされた細胞死を実行しているのは、植物特有の進化として興味深いものです。ただ、過敏感反応におけるＶＰＥの関与の報告は、非常に限定的であるのも事実であり、この仕組みがどのくらい普遍性をもつのかは、これからの研究課題だと思います。過敏感反応と一括りに言っていますが、実はその中にはさまざまな「死に方」があるのかもしれません。

死は本当に必要なのか?

過敏感反応は、植物細胞の自発的な死を伴います。実はこの細胞死自体は、病原体を撃退するうえで本当のところ必要なのか、という疑問があります。病原体の中には、生きている宿主に寄生する以外、生きていく術をもたないものがあります。たとえば、ウイルスはまさにそういう存在であり、ウイルスの場合、植物細胞の死は、すなわち、自分自身の死を意味することになります。ウイルスは、そもそも自分を増やすために、宿主細胞のさまざまな装置を利用する必要があるので、宿主の助けを借りずに増殖することが無理なのです。植物病原糸状菌でも絶対寄生菌である、さび病菌、べと病菌、うどんこ病菌などに対しては、過敏感反応時の細胞死は意味をもつと思われます。

しかし、病原菌の中には、絶対寄生菌とは対照的な感染の方法をとるものもいます。たとえば、宿主特異的毒素を生産する殺生菌です。これらの菌にとって、植物の死は基本的に何の脅威でもありません。毒素などを用いて植物を殺し、栄養を取得するのですから、「細胞死、大歓迎!」というところです(図3-10)。実際、ある種の殺生菌は、過敏感反応、そして、それに伴う細胞死をむしろ積極的に誘導し、その植物死を利用して感染を進行させていることもわかってきています。こうなると、植物の伝家の宝刀も形無しです。自然界で植物がいかに多様で手強い敵に遭遇し、戦いを強いられているか、わかっていただけるかと思います。

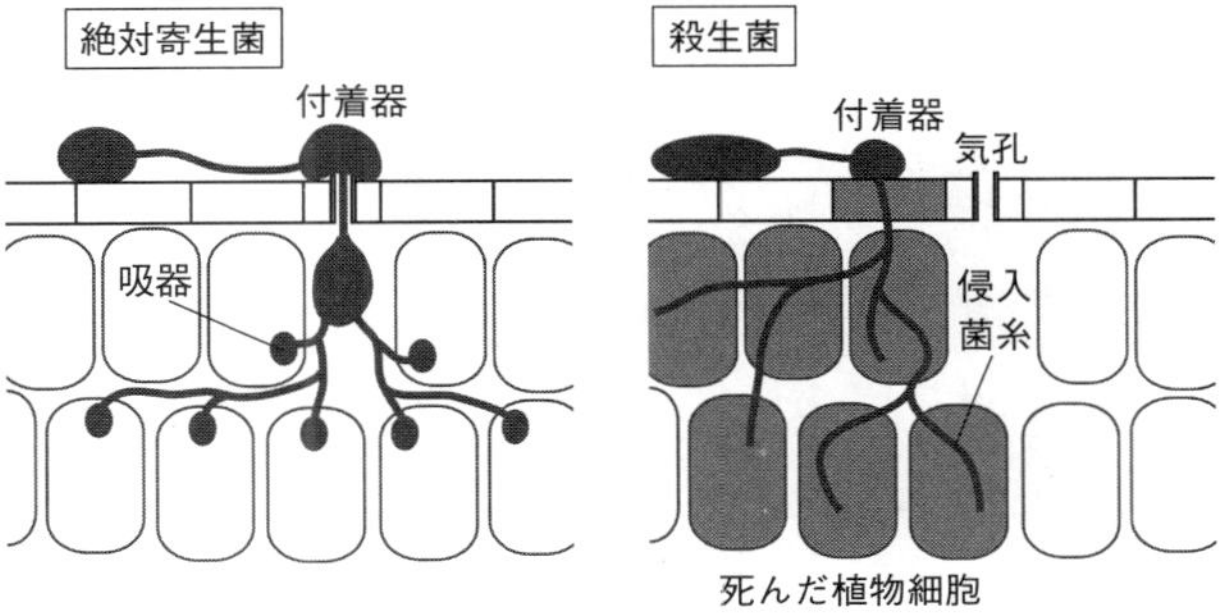

図3-10 絶対寄生菌と殺生菌の感染戦略の模式図（図2-5再掲）
絶対寄生菌は生きた植物上でしか生きることはできない。絶対寄生菌は宿主植物に侵入後、吸器などを形成して植物から栄養を獲得するが、植物を積極的に殺そうとはしない。実際、吸器を形成されている植物細胞は死んでいない。一方、殺生菌は植物の遺骸などからも栄養を獲得でき、侵入菌糸を形成された植物細胞は死んでいく

ここまでを読まれたら、読者の方々の中には、殺生菌と比べ、絶対寄生菌ってすごく不利だし、どうして絶滅してないのだろうと思われる人もいるかもしれません。実際、絶対寄生菌の場合、その宿主がいなくなれば、その菌も基本的には生きていけないので、たしかに、絶滅してしまった菌もいるのだと思います。

しかし、いまも、この地球上にはたくさんの絶対寄生菌が存在しています。なぜでしょうか？　それはその圧倒的な感染力にあります。たとえば、植物の研究をするためには、培養装置、温室などで植物を育てる必要がありますが、このときに絶対寄生菌がもし入りこんでしまうとあっという間に、病気が蔓延してしまい、研究ができなくなってしまうこともあります。それに比べ、殺生菌の感染力は実はそんな

に強いものばかりではありません。

絶対寄生菌は、非常に限られた宿主範囲ですが、その宿主に対しては圧倒的な感染力をもつ一方、殺生菌の宿主範囲は一般的に広い場合が多いのですが、その感染力は絶対寄生菌のそれには及ばないことが多いのです。

先に説明しましたが、過敏感反応は、細胞死だけではなく、非常に強い抗菌反応を伴っています。この抗菌反応は、ほとんどの病原菌に効果があり、これこそが過敏感反応の本質であると考えられます。もし、そうならシンプルな疑問として、細胞死を伴わない抵抗反応と、過敏感反応は、その分子メカニズムも違う、まったく異なる抵抗反応なのでしょうか。それぞれの抵抗反応を遺伝子の発現レベルで比較した結果、両者の間で、かなり共通した遺伝子群の発現が誘導されていることがわかり、まったく別物の抵抗反応ではないと考えられます。ただ、その遺伝子群の発現パターンには大きな違いが見られています。通常の抵抗反応では一過的に病害抵抗性関連遺伝子の発現が上昇するものの、ある時間が経過したら発現は急速に収まっていくのに対して、過敏感反応では、誘導される遺伝子発現のレベルは非常に高く、かつ、その発現が持続していくことが、複数の植物と病原体との組み合わせで見いだされています。

なぜ、通常の抵抗反応では遺伝子発現などの誘導は一過的なのでしょう？　その理由として、おそらく抗菌反応などの抵抗反応の亢進に対して、どこかでブレーキをかける仕組みがあるのだと思われます。過剰な抵抗反応は、植物にとって大きな負担となるはずです。一方、最強の敵に対しては容赦のない戦いが必要です。その場合は、このブレーキを解除してアクセル全開の状態にしており、これが過敏感反応とよばれる状態ではないかと思われます。

では、このブレーキの解除によって、抗菌反応が持続するだけではなく、細胞死も誘導されるのでしょうか？　これは、過敏感反応における細胞死と抗菌反応の関係に関する重要な問いです。この両者は、切り離せるものなのか、そうではないのか？　この問いに関して、シロイヌナズナで興味深い変異体（ミュータント）が発見され、解析されています。変異体の名前は、dnd（defense, no death）と名付けられており、名前のとおり、このdnd変異体は、過敏感反応において、抵抗反応（defense）は示せるが、細胞死（death）は誘導しないのです。このdnd変異体の存在は、少なくとも、抵抗反応（抗菌反応）と細胞死は切り離せることを示しており、今後の詳細な研究が待たれています。

（注4）カスパーゼ……カスパーゼ（caspase）とは、アポトーシスを誘導するシグナル伝達経路を構成する一群のプロテアーゼである。カスパーゼは、その活性部位にシステイン残基をもち、ま

た、基質となるタンパク質のアスパラギン酸（aspartic acid）残基の後ろを切断する。caspaseという名はCysteine-ASPartic-acid-proteASEを略したもの。

（注5）ヌクレオソーム……真核生物に共通するクロマチンの基本的構成単位であり、ヒストンの８量体にＤＮＡが巻き付いた構造。２つのヌクレオソームをつないでいるＤＮＡはリンカーＤＮＡとよばれる。

（注6）電気泳動……電荷をもった分子をゲルやポリマー等の媒体中で電圧をかけて、その移動距離の違いにより分離する実験手法。タンパク質やＤＮＡを分離するときによく用いられる。

3-4 一風変わった植物の防御機構

宿主特異的毒素を無効化する

これまでに紹介してきた植物の抵抗反応は、高等植物に共通したものであり普遍的なものですが、ここではそれとは異なり、一風変わった植物の防御機構や、最近になり明らかになった、新しいタイプの防衛機構について紹介していきます。

病原菌の中には、宿主特異的毒素を作って、その作用で植物を殺して感染するものがいることは第2章で説明しましたが、植物の中には病原菌の宿主特異的毒素を分解してしまうものがいます。トウモロコシ北方斑点病菌とよばれる病原糸状菌はHC毒素とよばれる宿主特異的毒素を生産します。この病気は1938年に米国のインディアナ州で発見されており、この菌の感染が進んだ場合、トウモロコシはきわめて甚大な被害を受けることになります。

このHC毒素は、アミノ酸が互いに手をつないで輪になってできる環状ペプチドとよばれるユニークな構造をしています（図3-11）。HC毒素は植物のヒストン脱アセチル化酵素を阻害する活性があり、この活性により宿主植物の核内における遺伝子発現などの制御を破壊し、ダメージを与えます。幸いなことに、このHC毒素を出すトウモロコシ北方斑点病菌はすべてのトウモロコシに病気を引き起こすわけではありませんでした。むしろ、多くのトウモロコシはこの病気の脅威から逃れており、特定のトウモロコシの品種のみ、深刻な病害を受けているのです。なぜ、多くのトウモロコシは安全地帯にいることができるのでしょう?

研究の結果、HC毒素に対するトウモロコシの抵抗性は*HM1*と名付けられた単一の遺伝子によってもたらされており、抵抗性を示すトウモロコシでは、HC毒素を還元化し効力をなくす活性が特異的に見いだされていました。そのため、研究者はこの毒素を無効化する活性と*HM1*が

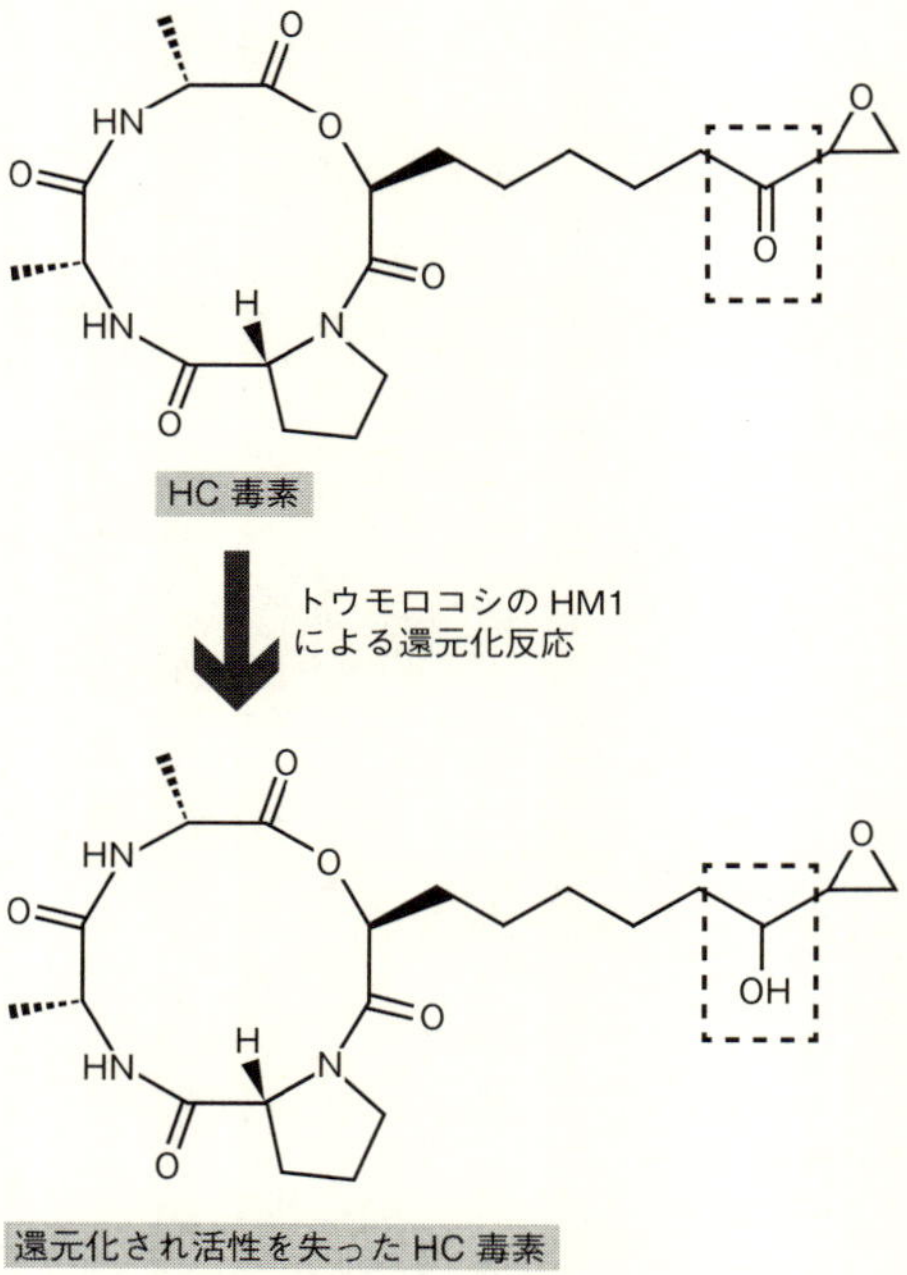

図3-11 宿主特異的毒素であるHC毒素の無毒化

HC毒素はトウモロコシのHM1酵素によって還元化されることによって無毒化する。点線内は還元化される部位

結びつくのでは、と推測していましたが、1992年、米国のスティーブン・ブリッグスらによって、ついにこの*HM*1の正体が明らかになりました。発見された*HM*1遺伝子は[注8]NADPHを用いた還元反応を触媒する酵素をコードしており、まさに発見前の推測を裏付けるものでした（図3-11）。

この発見はトウモロコシ北方斑点病菌のH

C毒素を解毒するための*HM*1遺伝子を多くのトウモロコシがもっており、*HM*1遺伝子のおかげでこの病気に対して抵抗性となっていることを意味しています。では*HM*1遺伝子はどのようにして生まれたのでしょうか？

一つの考えとしては、トウモロコシ北方斑点病菌のHC毒素による攻撃に対抗するために、トウモロコシが*HM*1遺伝子をあらたに生み出した、あるいは、どこからか獲得したというものがあります。しかし、その後の研究により、*HM*1遺伝子はトウモロコシだけではなく、オオムギ、ソルガムあるいはイネにおいても保存されていることが明らかとなりました。このことは何を意味するのでしょう？

おそらくですが、トウモロコシ、オオムギ、ソルガム、イネの祖先となる単子葉植物が、HC毒素あるいはそれに似た毒素を作る病原菌に対抗するために、*HM*1遺伝子を生み出したと考えられます。つまり、*HM*1遺伝子は祖先単子葉植物と病原菌との戦いに使用されていた歴史ある武器であるということです。そして、1930年代におけるトウモロコシの新しい品種育製の過程で*HM*1遺伝子が失われたトウモロコシがはからずも生まれてしまい、その結果、HC毒素を産生するトウモロコシ北方斑点病菌が猛威を振るうようになってしまったわけです。これは先に述べたファイトアレキシンの分解などにも通じますが、植物、病原菌のどちらもが、敵が放ったミサイルを迎撃できる仕組みをもっているのです。両者ともなかなか手ごわい相手です。

病原細菌に対する兵糧攻め

戦国時代の武士の戦い方といえば、刀や弓矢で相手を殺す、あるいは途中から登場してきた鉄砲あるいは大砲などを使用することが思い浮かびます。しかし、戦い方はこれだけではありませんでした。その一つの例が兵糧攻めです。豊臣秀吉とその参謀の黒田官兵衛が、三木城や鳥取城に対して行った兵糧攻めは歴史的にも有名な話です。

病原菌に対する植物の防衛戦略の基本は、抗菌物質の産生であり、これは弓矢や鉄砲のようなものとして捉えることができます。しかし、植物も実はこの兵糧攻めを病原細菌に対して行う場合があることが、最近の研究により明らかになっています。それはモデル植物であるシロイヌナズナにおいて、細胞内外の糖の出し入れをつかさどるトランスポーター（輸送体）の研究から発見されました。

細胞がグルコースなどの糖を自分の中に取り込むためには、そのトランスポーターが必要です。シロイヌナズナはたくさんの糖のトランスポーターをもっており、これらのうち、単糖を細胞の中に吸収するSTP（sugar transport protein）とよばれるトランスポーターが14種類あり、STP1からSTP14と名付けられています。驚いたことに、2016年に京都大学の山田晃嗣、高野義孝らのグループにより、このうちのSTP1とSTP13をコードする遺伝子がともに欠失したシロイヌナズナの二重変異体において、病原細菌への抵抗性が顕著に低下していることが見いだされました。これは非常に予想外の結果でした。

まず、この二重変異体は通常の条件では野生型植物と比較してその生育に何の違いも見いだせません。したがって、植物が糖を取り込めずに瀕死の状態であるため、細菌への抵抗性が低下したわけではなさそうでした。では、なぜ、この変異体で抵抗性が落ちているのか？　生体防御機構とは一見するとどう見ても関係なさそうな、この糖のトランスポーターはいったいなにをしているのか？　さまざまな疑問が浮かび上がってきましたが、その後の研究の結果、植物の防御システムと糖のトランスポーターの間に、思ってもみなかった繋がりが発見されました。

植物はどのようにして病原体の襲来を知ることができるのか？　外界にはさまざまな病原体が存在しており、それら一つ一つの病原体に対して植物が個別の認識システムを作っていくのは、病原体の数が余りに多く、現実的ではないでしょう。植物はこの問題を解決するために、多くの病原体が共通してもっていて、自分自身はもっていない分子を認識するという戦略をとっています。これまで紹介してきたPAMPです。PAMPの代表例として、細菌のべん毛を構成するタンパク質であるフラジェリンが挙げられます。シロイヌナズナはこのフラジェリン内に存在する22個のアミノ酸からなるペプチド配列を[注9]、細胞膜上に存在する受容体を使って認識して、細菌への抵抗反応を活性化させます。フラジェリン内のペプチド配列を受容体が認識すると、受容体は

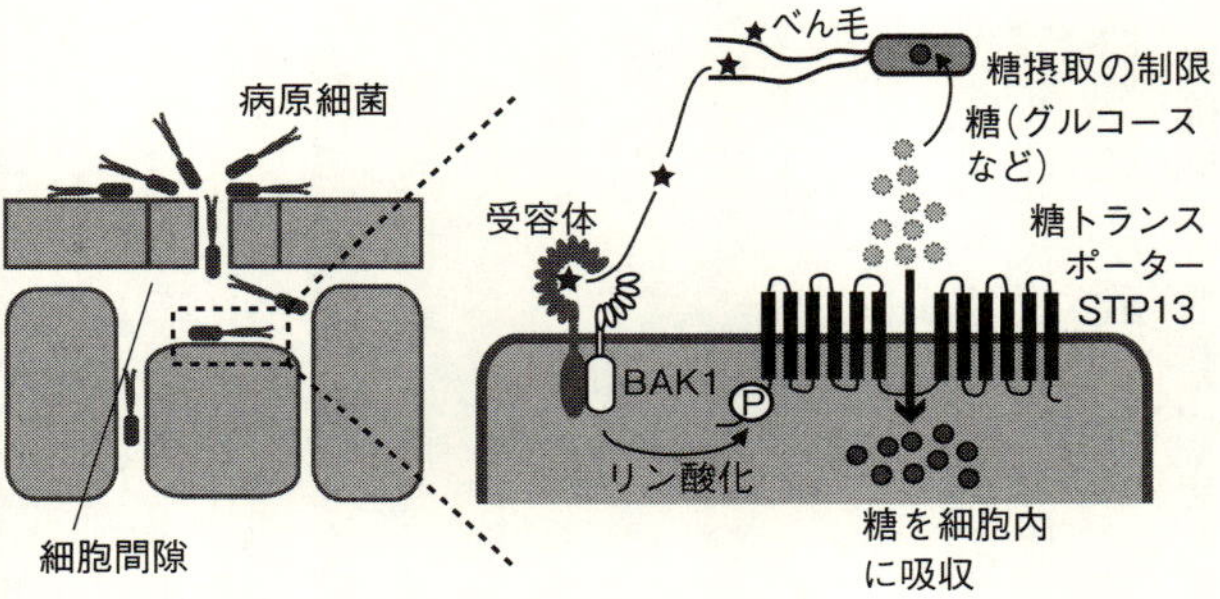

図3-12 病原細菌に対する植物の兵糧攻め

病原細菌は気孔から侵入し、その細胞間隙空間で増殖する。シロイヌナズナは病原細菌のべん毛タンパク質を認識し、抵抗反応を活性化する。このとき、べん毛タンパク質の受容体（レセプター）と協働するBAK1タンパク質は、STP13と呼ばれる糖トランスポーターをリン酸化し活性化する。活性化された糖トランスポーターは細胞間隙空間の糖を細胞内に吸収することで、病原細菌が利用できる糖の量を制限する

同じく細胞膜上に存在するＢＡＫ１（注10）とよばれるタンパク質と結合し、このＢＡＫ１を活性化します。活性化されたＢＡＫ１はターゲットとなるタンパク質をリン酸化し、抗菌反応を活性化させていきます。

ＳＴＰ１とＳＴＰ13を対象とした研究の結果、この司令塔的な役割を担うＢＡＫ１が糖トランスポーターであるＳＴＰ13をリン酸化することで、この糖トランスポーターを活性化することが明らかとなりました（図３-12）。これは、植物の抵抗性とは一見すると無縁のようにも見える糖トランスポーターが、病原体認識の中枢システムの支配下（しかも直接の）にあることをはじめて明らかにしたものです。

では、リン酸化され活性化されたＳＴＰ13

は何をするのでしょう？　病原細菌を認識すると、シロイヌナズナは細胞外空間の単糖を細胞内に急激に吸収しはじめます。この吸収において、大きな役割を担っているのが、先ほど述べたSTP1とSTP13です。このうち、STP1はつねに一定の輸送活性を示す一方、STP13は病原細菌の認識によって、先ほど説明した仕組みにより、その輸送活性を増大させるのです。

ここで、病原細菌の感染の方法をおさらいしましょう。病原細菌はべん毛をつかって、植物表面を泳ぎ這い回り、気孔をみつけたら、そこから植物の中に入っていきます。ただし、これは植物細胞の中に入ることを意味しません。病原細菌が潜り込んだその先にある空間は細胞間隙とよばれる空間です。簡単に言えば、細胞と細胞の間の空間です。実は病原細菌はこの細胞間隙に存在する栄養を獲得して、増殖していくのです（図3-12）。STP1やSTP13が活性化すると何が起きるかというと、この細胞間隙に存在する糖を、植物細胞内へとどんどん吸収していき、細胞間隙の糖の量を減少させます。これは病原細菌にとっては、手にできる食料を減らされることを意味し、まさしく、植物は病原細菌に対して兵糧攻めを行っているわけです。このような攻め方が、ほかの植物でも見られるのかは、今後の研究課題ですが、植物も病原体も、私たちが見いだせていないさまざまな戦い方をもっと身につけているのかもしれません。

（注7）ヒストン脱アセチル化酵素……遺伝子発現の活性化に必要なヒストンの修飾に、ヒストン中の

リジン残基のアセチル化が知られており、ヒストン脱アセチル化酵素は、そのアセチル化を除去する活性をもっている。この酵素の作用は、その領域における遺伝子発現を抑制する方向に働く。

(注8) NADPH……NADPは、ニコチンアミド・アデニン・ジヌクレオチド・リン酸という物質の略称であり、生体の多くの酸化還元反応に関与している補酵素である。NADPHは、この補酵素の還元型を指す。一方、酸化型はNADP⁺とよばれる。さまざまな酵素がNADPHからNADP⁺への酸化反応と共役して、その対象基質を還元することが知られている。

(注9) フラジェリン内のペプチド配列……フラジェリン内の22個のアミノ酸からなるペプチド配列(flg22とよばれる)を認識するシロイヌナズナの受容体はFLS2とよばれる。FLS2は細胞膜を1回貫通するタイプの膜タンパク質であり、その細胞外領域は主にロイシンリッチリピートから構成されており、このロイシンリッチリピートがflg22を認識する。一方、細胞内領域にはタンパク質キナーゼドメインがあり、このドメインにより、細胞内にシグナルが伝達される。

(注10) BAK1……BAK1(BRI1-associated receptor kinase 1)は、植物ホルモンであるブラシノステロイドの受容体BRI1と結合し共に機能する補助受容体として発見されたが、2007年

にｆｌｇ22の受容体であるＦＬＳ２の補助受容体としても機能することが明らかとなった。

植物の危機を「UMAMI」が救う？

「うま味」は、日本で生まれた味の概念で、「UMAMI」は世界に通用する国際語となっています。このUMAMI成分として初めて同定されたのが、昆布ダシのグルタミン酸でした。グルタミン酸は、アミノ酸の一種でタンパク質の構成要素ですが、脳などの神経系では興奮を伝える神経伝達物質として働き、記憶や学習などに関与していることも知られています。

一方、植物は動物とは違い全身をめぐる神経系がなく、局所的に受けた刺激、たとえば病原菌の侵入などの情報を、どのようにして全身に伝えているのか、まだその全体像は分かっていません。2018年のサイエンス誌に、これに関して驚くような発見が報告されました。それは害虫からの食害や風での傷など、局所的に受けた傷害の情報を、植物全身に伝えるためのシグナル伝達にUMAMIであるグルタミン酸が関わっているというものでした。

植物の細胞が傷害を受けると、傷ついた細胞からグルタミン酸が流出します。このグルタミン酸が、師管等に発現しているグルタミン酸受容体を活性化させ、Ca^{2+}シグナルを発生させ、これが全身に伝わっていくことがわかったのです。この反応は、とても迅速で、傷害を受けて数十秒で全身的にCa^{2+}シグナルが伝わっていました。

このグルタミン酸の受容からCa^{2+}シグナル発生という流れは、動物の神経における興奮の伝達とよく似た仕組みです。神経と師管という異なった組織ではありますが、全身的なシグナルの伝達に、動植物で何か共通の原理が働いているという発見は、とても興味深い話です。

第4章

植物と病原微生物のはてしなき「軍拡競争」

4-1 エフェクターをめぐる戦い

植物と病原菌の分子レベルでのせめぎ合い

植物は、病原微生物から身を守るために、これまで紹介してきたような重層的な防御機構を進化させてきました。一方、病原菌も、武器となる分子を改良し、この防御機構を突破してきました。この植物と病原微生物のせめぎ合いは、「分子レベルの軍拡競争」に喩えられ、あたかも植物と病原微生物が互いに権謀術数をめぐらして、いかに相手を出し抜くか競っているかのようです。しかし、植物と病原微生物との攻防は、私情を挟まない峻厳な自然選択によって生まれてきたのです。「軍拡競争」は、攻撃する側と防御する側の双方に洗練された分子機構をもたらしました。本章では、その病原菌と植物との攻防に焦点を絞って、最近わかってきた分子レベルのせめぎ合いがもたらした進化について解説します。

病原菌に不利益をもたらす非病原力遺伝子

ダーウィンの進化論とメンデルの法則の発見によって生まれた遺伝学は、著しい発展を遂げ、

20世紀になって遺伝情報ＤＮＡの変化こそが進化の原動力であることが明らかとなりました。植物と病原菌のせめぎ合いの進化も、お互いのＤＮＡの変化によるものであり、遺伝学的に説明できます。

20世紀半ばに、植物病理学者ハロルド・ヘンリー・フローは、繊維や亜麻仁油の原料として使われているアマに感染するさび病研究から、植物と病原菌の遺伝学的な関係のモデル「**遺伝子対遺伝子説**（Gene-for-gene hypothesis）」を提唱しました。宿主植物の病害抵抗性と病原性は、双方の**遺伝子のアレル**（対立遺伝子）の関係によって説明可能であるという仮説です。

アレル[注1]は、かつては対立遺伝子とよばれていたもので、特定の遺伝子座（染色体やゲノムにおける遺伝子の位置）にある、ＤＮＡ配列に違いのある遺伝子を指す専門用語です。たとえばヒトのように、父親由来の染色体と母親由来の染色体が対になっている2倍体の生物では、2本の染色体の同じ位置に、父親由来のＤＮＡ配列と母親由来のＤＮＡ配列があります。父親由来のＤＮＡ配列と母親由来のＤＮＡ配列との間に違いがある場合、２つのアレルをもつということになります。

「遺伝子対遺伝子説」では、植物の病害抵抗性は、宿主側の特定のアレルと病原菌の特定のアレルが組み合わさったときのみ発揮される、とされます。喩えて言うなら、病原菌が、武器となる矛をもっています。矛には、いろいろなタイプ（アレル）があります。一方、植物は、病原菌に対抗する盾をもっています。盾もいろいろなタイプ（アレル）があります。病原菌の矛は強力で、植物のもつほとんどの盾は、その矛を有効に防ぐことができません。しかし、植物の盾の中には、病原菌の特定のタイプの矛を完全に防ぐことができるものがあるのです。もし植物がその盾をもっていて、病原菌がそれに対応するタイプの矛をもっていた場合には、抵抗性が発揮されて、病原菌は植物に感染できなくなります。

少し不思議なのは、この「遺伝子対遺伝子説」によれば、抵抗性が発揮されるのは、特定の矛と特定の盾が組み合わされたときのみであり、もし病原菌がその矛をもっていなければ、植物の盾は役に立たず、病気が起こるということになります。矛も盾もなければ、感染できるのに、病原菌はなぜわざわざ矛をもっているのか？　これが謎です。

別な言い方をすれば、植物病原菌のもつ遺伝子群のなかには、宿主植物の病害抵抗性を誘導する、自らに不利なアレルがあるということになります。このような病原菌に不利益をもたらすアレル（矛）のことを**非病原力遺伝子**とよびます。そして、非病原力遺伝子に対応する宿主植物側のアレル（盾）を**抵抗性遺伝子**とよびます。

非病原力遺伝子がもたらす病害抵抗性の多くは、植物がもつ最強の防御機構である過敏感反応によるものです（第3章参照）。過敏感反応は、病原菌の標的とされた宿主細胞が、病原菌ごと自爆する攻撃で、これが発動されると病原菌は、それ以上周りの細胞へ感染できなくなってしまいます。この病原菌に圧倒的な不利益をもたらす非病原力遺伝子の多くは、病原菌から外へ分泌されるタンパク質をコードしています。この分泌タンパク質が、植物の中に取り込まれ、抵抗性遺伝子によって感知されてしまうと、過敏感細胞死という自爆攻撃をともなう防御機構が発動されてしまうのです。

いったいなぜ、病原菌が、植物に利益をもたらし、自身の生存を脅かす遺伝子をもっているのでしょうか？　その答えの根底に、病原菌と宿主植物との間の激烈な分子レベルの攻防の進化史があります。

エフェクターとしての非病原力遺伝子

病原菌に不利益をもたらす非病原力遺伝子は、１９８４年にブライアン・スタスカウィッツらによって単離・同定され、それから6年後の１９９０年には、それが実は病原菌の病原性に貢献していることが、ブライアン・カーニーとスタスカウィッツの2人によって突き止められました。彼らは、トマトとトウガラシの病原細菌がもつ非病原力遺伝子を研究していました。この病原細菌から非病原力遺伝子を人為的に失わせると、失う前と比べ、抵抗性遺伝子をもたない植物の上では、明らかに病原性が減少することを発見したのです。非病原力遺伝子は、先に喩えたとおり、やはり矛であり、その矛を逆手に取った盾を植物が生み出したことにより、「非病原力遺伝子」

となってしまったことが明らかになったのです。

彼らの発見以降、さまざまな植物と病原菌のせめぎ合いについても分子レベルの研究が進み、非病原力と病原力は、表裏一体の機能であることが次々と明らかにされました。すなわち、非病原力遺伝子は、病原力遺伝子でもあり、それは相手方である植物の抵抗性遺伝子の存在に依存して変化してしまうのです。現在では、こういった「非病原力遺伝子」の両面性を鑑みて、両方の概念を内包する**エフェクター**という言葉が使われるようになりました。この「非病原力遺伝子」の二面性の発見は、植物と病原菌の間のせめぎ合いの歴史を解明する序章となりました。

病原菌の種を選ばない防御機構ＰＴＩ

動物・植物を問わず、多細胞生物は進化の過程で、自分に寄生する微生物と戦ってきました。そういった原始の多細胞生物が獲得したと考えられる、微生物に対する防御機構に**ＰＴＩ**とよばれるものがあります。ＰＴＩの正式名称は、PAMP-triggered immunity（ＰＡＭＰ誘導免疫）です。ＰＡＭＰについては、すでに何度か紹介してきましたが、これがきっかけで作動する免疫機構がＰＴＩになります。ＰＡＭＰは、病原菌がもっていて、植物には存在しない物質です。そして、多くのＰＡＭＰは、病原菌のほとんどがもっている、すなわち、進化的に保存されている分子です（図４-１）。

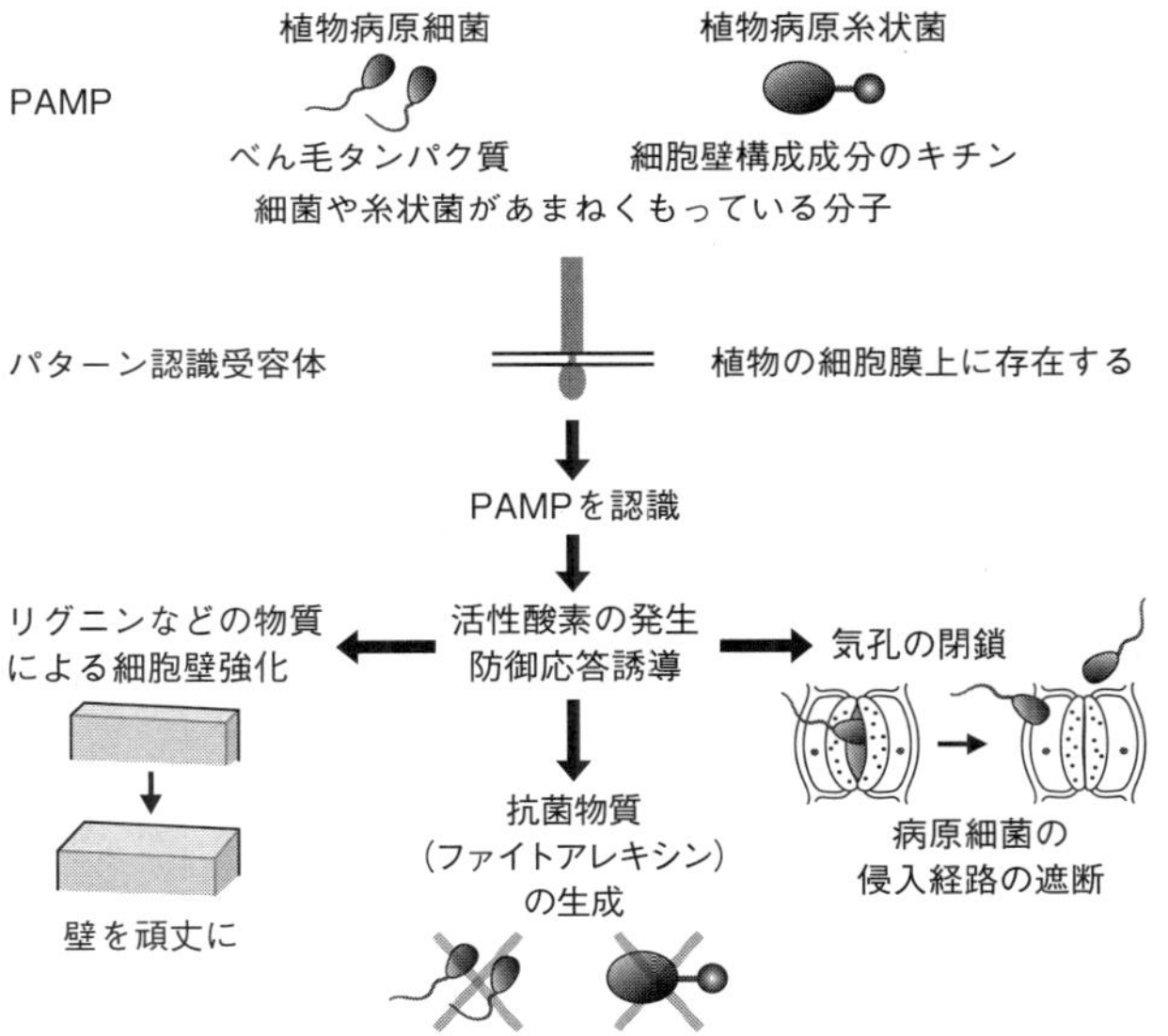

図4-1　PAMPによる免疫誘導

植物のパターン認識受容体は、植物病原細菌・糸状菌由来のPAMPを認識し、活性酸素の発生、防御応答を誘導する。その結果、気孔閉鎖による病原細菌の侵入経路の遮断、細胞壁の強化、病原菌を撃退するための抗菌物質生成という一連の免疫反応が起こる特に植物と病原菌が接触する場面で遭遇する分子、たとえば細菌のべん毛タンパク質フラジェリン、糸状菌の細胞壁構成物質であるキチン、卵菌の細胞壁等に含まれるβ-グルカンなどがこれに当たります。

病原菌にはさまざまなものがいます。気孔から侵入するものや、物理的に細胞壁を壊して侵入するもの、化学的に細胞壁を溶かして侵入するものもいます。こうした多種多様な病原菌に対応するためには、病原菌にあまねく存在し、進化的に保存されている分子をマーカーにするのが効率的です。すなわち、これがＰＡＭＰです。植物は、ＰＡＭＰを認識して働く機構を進化させることにより、病原菌の種を問わずに展開できる防御機構を実現させたのです。

前述しましたが、この防御機構は、進化の過程で植物が独自に獲得したものではなく、動物の**自然免疫**と呼ばれる機構と同等のものと考えられます。動物の自然免疫は、侵入してきた病原体をいち早く感知し、それを排除する仕組みです。侵入する病原体のＰＡＭＰを細胞の外側（細胞膜）に分布するタンパク質（**パターン認識受容体**とよぶ）で認識することによって、免疫反応が始まります。この一連の流れ、病原菌のＰＡＭＰをパターン認識受容体で認識し、免疫反応を誘導するという点は、動物と植物で共通ですが、ＰＴＩに関わる役者の顔ぶれや、その下流の反応は動物と植物で少し違っています。

植物では、パターン認識受容体が、ＰＡＭＰを感知すると、数分以内に植物自身にとっても有毒な活性酸素を発生させます。活性酸素は、それ自体、病原菌を攻撃する武器にもなりますが、気孔を閉じるシグナルとしても働き、第３章でも紹介したように、感知後数時間以内に、病原菌の侵入経路となる気孔を閉じます。気孔は、光合成、呼吸、蒸散などで、外部とのガス交換をするためになくてはならない構造ですが、病原菌が侵入する入り口でもあり、火事の際に、防火扉が自動的に閉まり、延焼を食い止めるような仕組みです。さらに数時間から数十時間の間には、細胞壁のリグニン化やファイトアレキシンの合成などが始まり、こうなってしまうと、病原菌は、撤退を余儀なくされます。ＰＴＩは、シンプルな仕組みではありますが、その防御機構は強力です。

ＰＡＭＰの認識に始まる下流のシグナル伝達については、近年、数多くの知見が得られていま す。その結果、明らかとなったのは、植物表面にはＰＡＭＰの種類に応じたさまざまなパターン認識受容体がありますが、その下流の仕組みはパターン認識受容体の種類にかかわらず共通で簡素化されているということです。たとえば、第３章でも紹介したＢＡＫ１ですが、このタンパク質は膜貫通型受容体リン酸化酵素で、多くのＰＡＭＰ応答の経路で共通して利用されています。パターン認識受容体が高度にカスタマイズされた特注のセンサーだとしたら、ＢＡＫ１はさまざまなパターン認識受容体から得た情報を網羅的に解読できる汎用的なメモリのようなものだと考えるとイメージがわくかもしれません。

ＢＡＫ１は、さまざまな働きをする植物のマルチタスクプレーヤーです。そもそもＢＡＫ１は、植物ホルモンであるブラシノステロイドの補助受容体として発見されました。ブラシノステロイドは、主に植物の生長に重要な働きをする植物ホルモンです。

しかしその後、ＢＡＫ１は20種類以上の受容体と相互作用することがわかりました。たとえば、フラジェリンを認識するＦＬＳ２という受容体は、フラジェリンによる刺激を受けると、ＢＡＫ１と複合体を形成し、FLS2–BAK1複合体になります（図４-２）。そして、FLS2–BAK1複合体が起点となり、活性酸素の発生と抗菌物質の生成等の下流の防御反応が活性化されます。

このＢＡＫ１の存在のおかげで、下流の防御反応である活性酸素の発生と抗菌物質の生成等を担当する分子群を、パターン認識受容体間で共有することが可能になります。植物は、ＰＡＭＰの数だけパターン認識受容体を揃える必要がありますが、下流の防御機構をある程度共有することで、新たな防御機構を一から創り出さずに、多様なＰＡＭＰに対応できるように進化したと考えられます。

病原菌の武器、エフェクター

このようにＰＴＩは強力で、しかも病原菌にとって細胞壁やべん毛といった、捨てるに捨てられない構成要素を認識されるため、逃れようがありません。では、病原菌はどうやってＰＴＩを

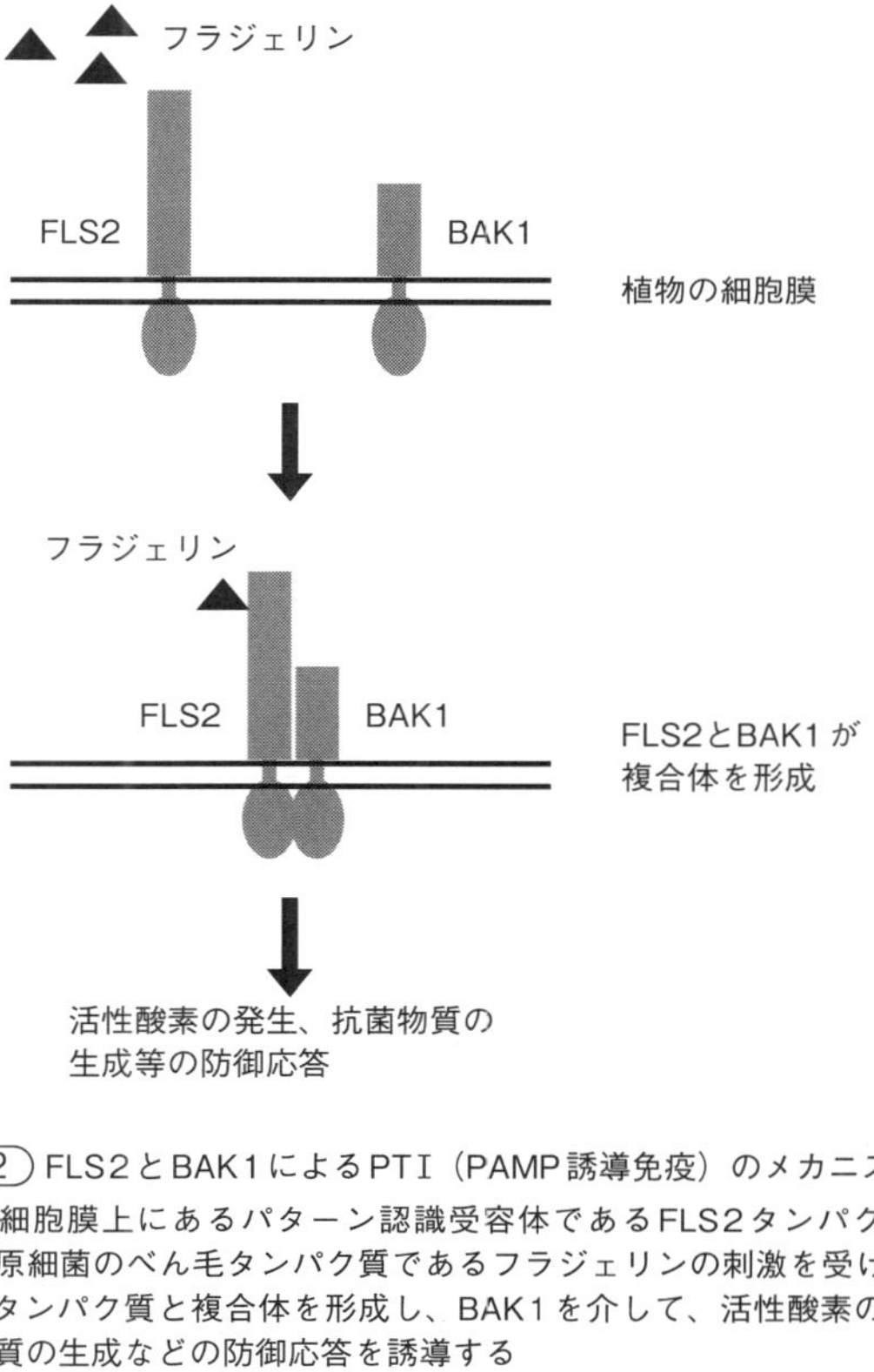

図4-2 FLS2とBAK1によるPTI（PAMP誘導免疫）のメカニズム
植物の細胞膜上にあるパターン認識受容体であるFLS2タンパク質は、植物病原細菌のべん毛タンパク質であるフラジェリンの刺激を受けると、BAK1タンパク質と複合体を形成し、BAK1を介して、活性酸素の発生、抗菌物質の生成などの防御応答を誘導する

進化させてきた植物に感染することができるのでしょうか？　ここで登場するのが、感染促進因子としてのエフェクターです。

実はエフェクターの多くは、ＰＴＩを抑制する作用があり、これを植物細胞内に送り込んでＰＴＩを無効化することで、病原菌の感染を助けていると考えられています。ＰＴＩは植物にとって異物である病原菌由来のＰＡＭＰの感知、活性酸素発生、シグナル伝達、防御応答分子の活性化という一連の反応からなりますが、病原菌はそれぞれの反応段階に対して、それを抑制するエフェクターをもっています。

たとえば、植物のパターン認識受容体からＰＡＭＰを感知されないように働くエフェクターです。糸状菌であるトマト葉かび病菌やイネいもち病菌は、自身のＰＡＭＰであるキチンと結合するエフェクターを保有しています。こうした病原菌は感染時にあらかじめエフェクターを分泌することで、自身の細胞壁から剝がれてしまったキチンを、植物のパターン認識受容体に感知される前に捕捉し、ＰＴＩの発動を妨げます。

また、植物のパターン認識受容体を標的にするエフェクターやその下流のシグナル伝達を担うタンパク質を妨害するエフェクターも知られています。植物の免疫機構の上流に位置するパターン認識受容体の機能を抑制することができれば、下流のすべての防御反応を効果的に止めることができます。

さらに、さまざまなパターン認識受容体と複合体を形成する膜貫通型受容体リン酸化酵素ＢＡＫ１を標的にするエフェクターを病原菌が獲得できたならば、ＰＴＩを抑止するための最強の武器になるはずです。実際、植物病原細菌の中には、ＢＡＫ１を標的とするエフェクターが存在しています。このエフェクターは、図４-２に出てきたFLS2-BAK1複合体だけでなく、ほかの複合体とも相互作用することが知られています。複数のパターン認識受容体の複合体を標的にできるように進化することで、植物の防御機構を一気に無効化しようとしているようにみえます。

また、エフェクターの中には、植物の免疫を抑制する以外にも、病原菌の病原性を高めるために、植物の遺伝子やタンパク質を操るものがあります。たとえば、植物病原細菌の中には、ＴＡＬ（transcription activator-like）エフェクターとよばれる宿主植物の遺伝子発現を調節するエフェクターをもっているものがいます（図４-３）。

生物は、ＤＮＡからＲＮＡに情報を転写し、ＲＮＡからタンパク質へと翻訳することによって、遺伝子からさまざまなタンパク質を作り出します。遺伝子発現は、転写因子というタンパク質が、プロモーターとよばれる遺伝子の上流のＤＮＡに結合することによって調節されます。ＴＡＬエフェクターは、宿主植物の転写因子を装うことで、細菌の病原性に有利に働く遺伝子を活性化（activate）させます。ですので、転写（transcription）を活性化させるもの（activator）のような（like）エフェクターということで、ＴＡＬ（transcription activator-like）エフェクターという名称になったのです。あるＴＡＬエフェクターは、グルコースなどの糖類を植物細胞の外へ出す役割をするタンパク質（トランスポーターとよぶ）遺伝子の上流に結合し、その発現を活性化させ、植物が作った糖類を細菌が巣くっている細胞間隙に供給し、細菌の繁殖を助けます。ちょうど第３章で紹介した植物の兵糧攻めの逆です。

余談になりますが、最近、話題になっている「ゲノム編集」という技術は、このＴＡＬエフェクターのＤＮＡと結合する性質を利用して開発されました。現在、使われているゲノム編集技術は、このＴＡＬを用いたものから、さらに進化したものが主流ですが、その創成期にはＴＡＬも大いに利用されました。このゲノム編集は、ヒトの疾患の治療、作物の品種改良、家畜の改良などに現在応用されつつあります。

エフェクターの天敵、抵抗性遺伝子

エフェクターによりＰＴＩを突破されてしまった植物はどうするのでしょうか？　もちろん植物は、エフェクターを野放しにしていません。このエフェクターに対抗するために開発された分子機構が、いわゆる抵抗性遺伝子による防御機構と考えられています。詳細は後ほど述べますが、抵抗性遺伝子産物（抵抗性遺伝子がコードするタンパク質）の多くは、エフェクターを直接的または間接的に感知できるのです。抵抗性遺伝子産物が、エフェクターを感知すると、多くの場

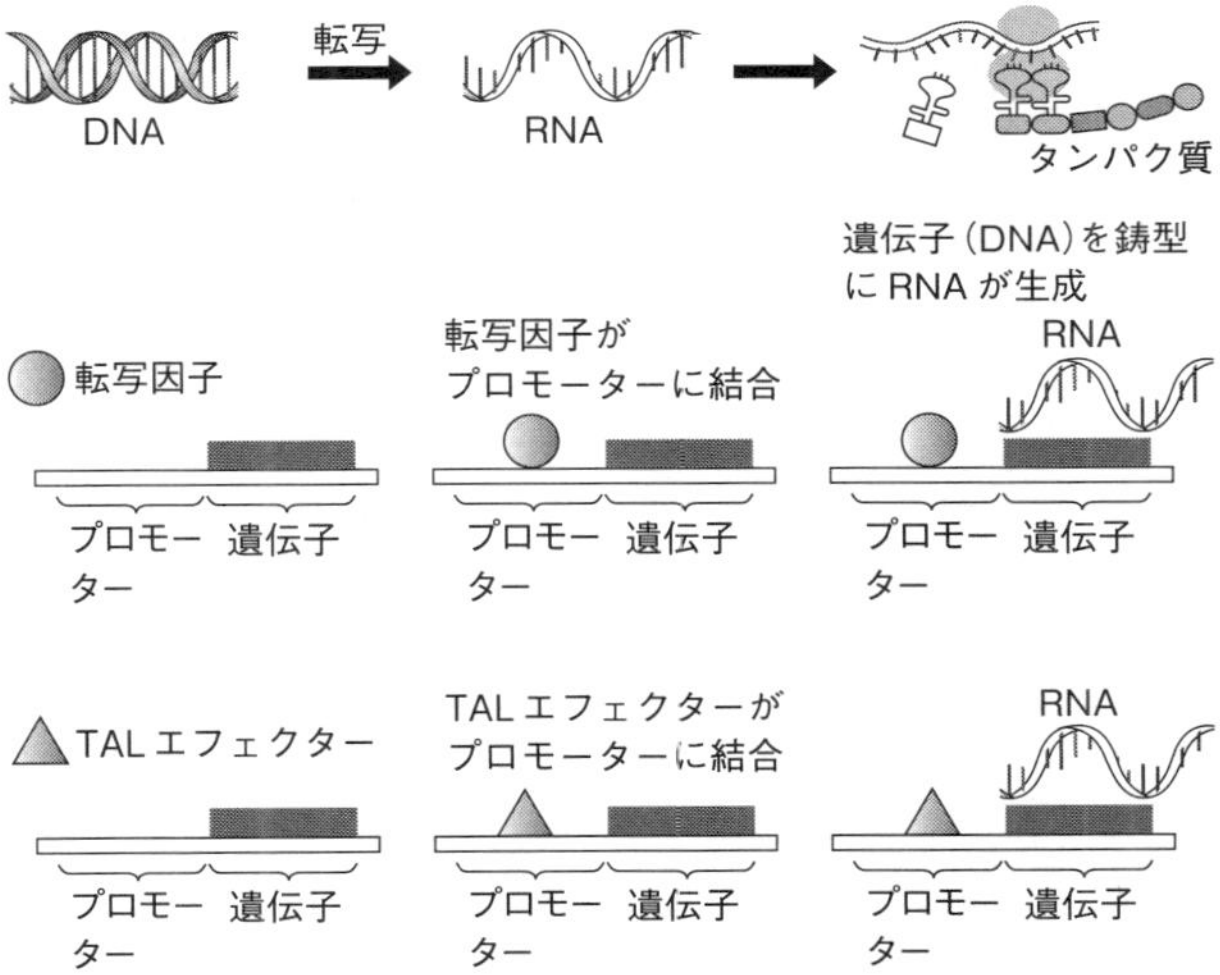

図4-3　TALエフェクターによる遺伝子発現の活性化

DNAからタンパク質ができる過程をセントラルドグマという。通常、生物は、決められた場所と時間にだけ遺伝子を発現させる。発現する場所と時間は、転写因子によって調節されており、転写因子が遺伝子のプロモーターに結合するとRNA生成が開始する。TALエフェクターは、転写因子になりすまし、病原菌の都合の良い場所と時間に宿主の遺伝子が発現するように操作する（遺伝子発現には、転写因子以外の分子も必要だが、本図では省略している）

合、過敏感細胞死を誘導します。この抵抗性遺伝子による防御機構は、エフェクターに誘導された植物免疫なので、PTIに対して**ETI**（effector-triggered immunity＝エフェクター誘導免疫）とよばれています。ETIによって、これまで武器であったエフェクターが、植物の防御反応を助ける裏切り分子に様変わりしてしまうのです。つまり、本章の初めに紹介したように、エフェクターが「非病原力遺伝子」となるのです。

PTIが微生物に特徴的な分子を認識する動物の自然免疫と同等とするなら、このETIは、体内に入ってくる非自己因子を個別に認識するようになった動物の「獲得免疫」に喩えることができるかもしれません。もちろん分子的な機構は大きく異なりますので、同等とはいえませんが、動植物の免疫で一脈通じるものがあることは興味深いです。

では、植物の抵抗性遺伝子産物は、どのようにエフェクターを感知しているのでしょうか。これにはいくつかのパターンがあることが知られています。1つ目は、植物の抵抗性遺伝子産物が直接エフェクターに結合して、植物の防御反応である過敏感細胞死を誘導するケースです（図4-4 I）。2つ目の方法は、エフェクターが標的とする身内の分子を監視し、エフェクターに攻撃されたときのその分子の変化を感知することです（図4-4 II）。これは抵抗性遺伝子産物が、あたかも身内の分子を見守っているようなので、**ガードモデル**とよばれています。もっとも単純な例としては、エフェクターが標的分子を切断するような活性をもっていれば、その分子が

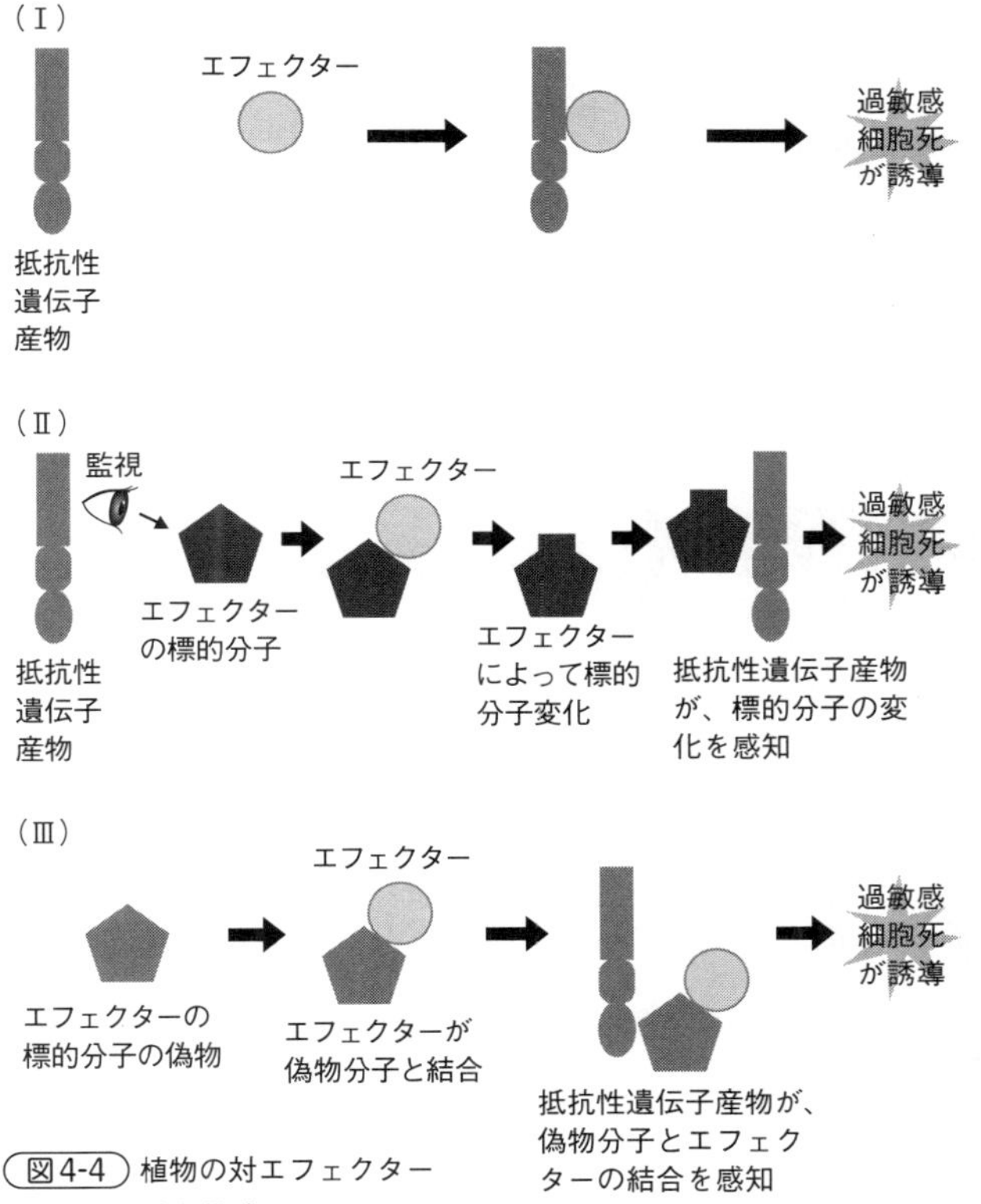

図4-4　植物の対エフェクター防御戦略

（戦略Ⅰ）　抵抗性遺伝子産物がエフェクターを直接結合し、過敏感細胞死を誘導する

（戦略Ⅱ）　抵抗性遺伝子産物が、エフェクターの標的分子を監視する。エフェクターが標的分子に結合すると、標的分子の構造が変化。抵抗性遺伝子産物がこの標的分子の構造の変化を感知し、過敏感細胞死を誘導する

（戦略Ⅲ）　植物が、エフェクターの標的分子の偽物を囮として用意しておく。エフェクターが、植物の偽物分子と結合すると、抵抗性遺伝子産物がこれを感知し、過敏感細胞死を誘導する

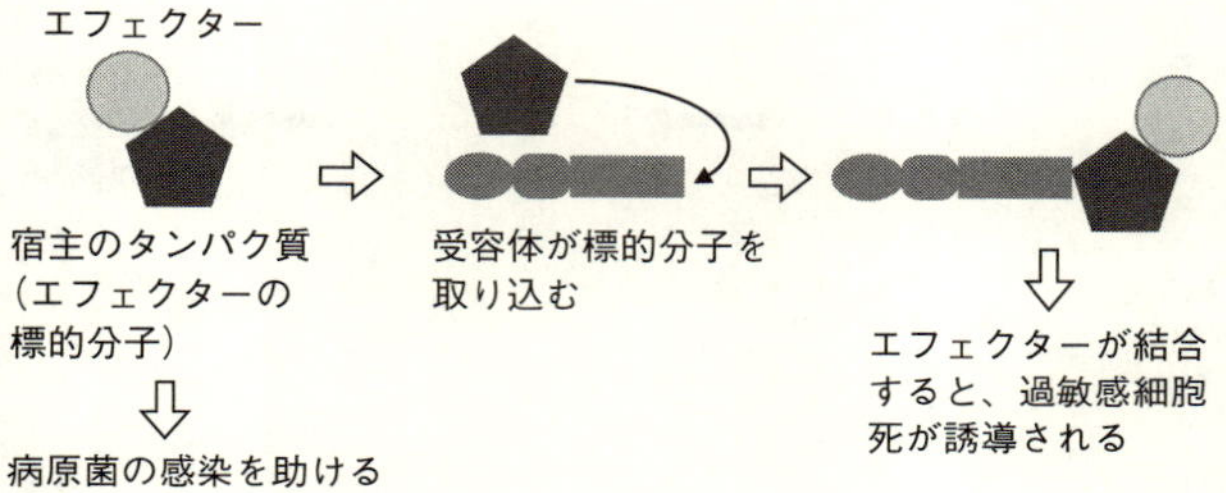
エフェクター
宿主のタンパク質
(エフェクターの
標的分子)
病原菌の感染を助ける
受容体が標的分子を
取り込む
エフェクターが結合
すると、過敏感細胞
死が誘導される

図4-5 エフェクター標的分子を取り込む抵抗性遺伝子

抵抗性遺伝子にエフェクター標的分子の遺伝子配列が挿入され、標的分子と受容体（抵抗性遺伝子産物）が合体した新しい遺伝子が作られる。つまり、受容体は、標的分子を取り込むことで、罠を仕掛けることになる。罠にはまったエフェクターは、植物の免疫反応である過敏感細胞死を誘導することになる

切断されたという情報が、抵抗性発現の引き金となります。この場合は、抵抗性遺伝子産物は、エフェクターと直接結合しません。

3つ目のパターンとしては、植物がエフェクターの標的分子を真似した偽物の分子を用意している場合があります（図4-4 Ⅲ）。囮作戦です。これは囮をそのまま英語にして**デコイ**（**decoy**）**モデル**とよばれます。病原菌が分泌したエフェクターが、こうした囮の分子と結合すると、植物の防御反応が起動するのです。

この囮作戦が、さらに巧妙化した例も見つかっています。抵抗性遺伝子産物の中に、エフェクターの標的とよく似た分子をあらかじめ取り込んで、その一部としてしまっているものが見つかりました（図4-5）。

罠とは気づかずに、エフェクターがその分子に

結合すると、それは抵抗性遺伝子の産物そのものですから、すぐに防御応答のスイッチがオンになります。なんとも巧妙なやり方です。このやり方がさらに優れているのは、エフェクターの特性を最大限に逆利用しているという点です。自然界には、さまざまな植物病原菌が存在し、多様なエフェクターがありますが、基本的に防御応答を阻害するものですから、多くの場合、似たような分子を標的にすることになります。つまり、頻繁にエフェクターの標的となっているような分子を罠として抵抗性遺伝子に取り込ませることで、1種類の病原菌だけでなく、いろんな病原菌に対して、抵抗性を発揮することが可能になるのです。

２０１０年代に入り、多くの植物の抵抗性遺伝子（そう推定されているものを含む）が、この戦略をとっていることがわかってきました。どのように抵抗性遺伝子が、これらの標的分子をその配列内に獲得したかは、まだよくわかっていませんが、おそらく遺伝子間の組換え[注2]が関与しているのではないかと考えられています。

先ほど出てきた宿主植物の遺伝子発現を操る細菌のＴＡＬエフェクターにも、それを認識する抵抗性遺伝子があります。この抵抗性遺伝子は、本来ＴＡＬエフェクターが結合する遺伝子のプロモーター配列を、自身のプロモーター配列に取り込んでいます。標的だと思って、ＴＡＬエフェクターが結合すると、抵抗性遺伝子の発現のスイッチが入ってしまうという仕組みです。これもエフェクターの標的分子を取り込み、罠を仕掛ける抵抗性遺伝子と似た戦略といえるでしょう。ビックリするような植物の防御戦略の数々です。

抵抗性遺伝子の包囲網をかわすエフェクター

話はこれで終わりません。強力なＰＴＩに続く、巧妙なＥＴＩで、病原菌はノックアウト寸前ですが、これで負けるようでは病原菌として生き残ることができません。では、植物病原菌は、どのようにして植物のＥＴＩをかいくぐっているのでしょうか？

人間の病原菌でもそうですが、微生物の強い点は、宿主よりも世代時間が短く、進化スピードが速い点です。巧妙なＥＴＩをかいくぐる手段は、この進化スピードの速さを利用したものと思われます。病原菌がもつエフェクター遺伝子の中には、遺伝子重複によって生じた**遺伝子ファミリー**(注3)を形成しているものもあります。

これら重複した遺伝子は、似たような配列をもっているので、これら遺伝子の間でも組換えが起こりやすくなります。その結果、遺伝子の配列がシャッフルされ、新しいエフェクター遺伝子が形成される原動力になります。同時に遺伝子重複は、バックアップとなる似た機能をもった遺伝子を複数作り出すため、ファミリー内の遺伝子を１つ失ったとしても、生存への影響を最小に抑えることができます。実際、エフェクター遺伝子が複数存在するゲノム領域では、エフェクター遺伝子の欠失が頻繁に起きることも報告されており、抵抗性遺伝子に感知されてしまったエフェクターをゲノムから排除することで、植物から感知されるのを回避している例があります。

植物免疫の過敏感細胞死は、強力な防御機構なので、感知されたエフェクターをもつ病原菌は感染できずに死に絶えてしまいます。エフェクターを捨てないと生き残れないような自然選択の強い圧力がある条件下では、あたかも病原菌が意思をもって、要らないエフェクターを廃棄しているかのように見えます。一方で、エフェクターの中には、失ってしまうと病原性に大きな影響を与えるエフェクターも存在します。その場合、突然変異によって、エフェクターのDNA配列を変化させ、植物側の抵抗性遺伝子に感知されないように進化することが知られています。病原菌は、日々進化しているのです。

エフェクターの進化に負けない植物の抵抗性機構

病原菌が分泌するエフェクターは、

（1）宿主植物の標的分子に適応するように進化する。

（2）抵抗性遺伝子等の宿主植物の受容体から認識されないように進化する。

という異なる2つの特徴をもっています。この特徴から、エフェクターは多様性が増大する方向に進化すると予測されます。

多様なエフェクターに対して、植物側も原則的には多様な抵抗性遺伝子を用意するように進化することで対抗していると思われます。病原菌のエフェクターと同様、抵抗性遺伝子も遺伝子ファミリーを構成し、ゲノム中に並んで存在しています。これによって、抵抗性遺伝子間の組換えを促進し、新しい抵抗性遺伝子の創出を可能にしています。

このように、新しいエフェクターを認識できるように多様化する方向へ進む一方で、強力な武器である過敏感細胞死という共通の防御応答機能を保持する必要もあります。この矛盾したタスクを両立させるために、ＰＴＩのパターン認識受容体とＢＡＫ１で見られたような分業化によって、機能の多様性と保存性を実現していることが、ナス科植物の抵抗性遺伝子の研究からわかってきました。

一つの例として、抵抗性遺伝子産物が、単独でエフェクターを認識し、過敏感細胞死を誘導するのではなく、エフェクターの認識と過敏感細胞死を誘導するための、異なる２つのタンパク質のセットで働く仕組みが挙げられます。このような共同で働く抵抗性遺伝子産物では、一つがセンサーとしてエフェクターを認識する役割を、もう一つが下流の防御反応である過敏感細胞死を誘導するヘルパーとして働くというように役割分担していることがわかってきました。分業化することで、センサーとなる抵抗性遺伝子が多様化しても、本来の防御反応への悪影響を避けることができると考えられます。

繰り返しになりますが、この役割分担という仕組みは、ＰＴＩにおけるＢＡＫ１が果たしてい

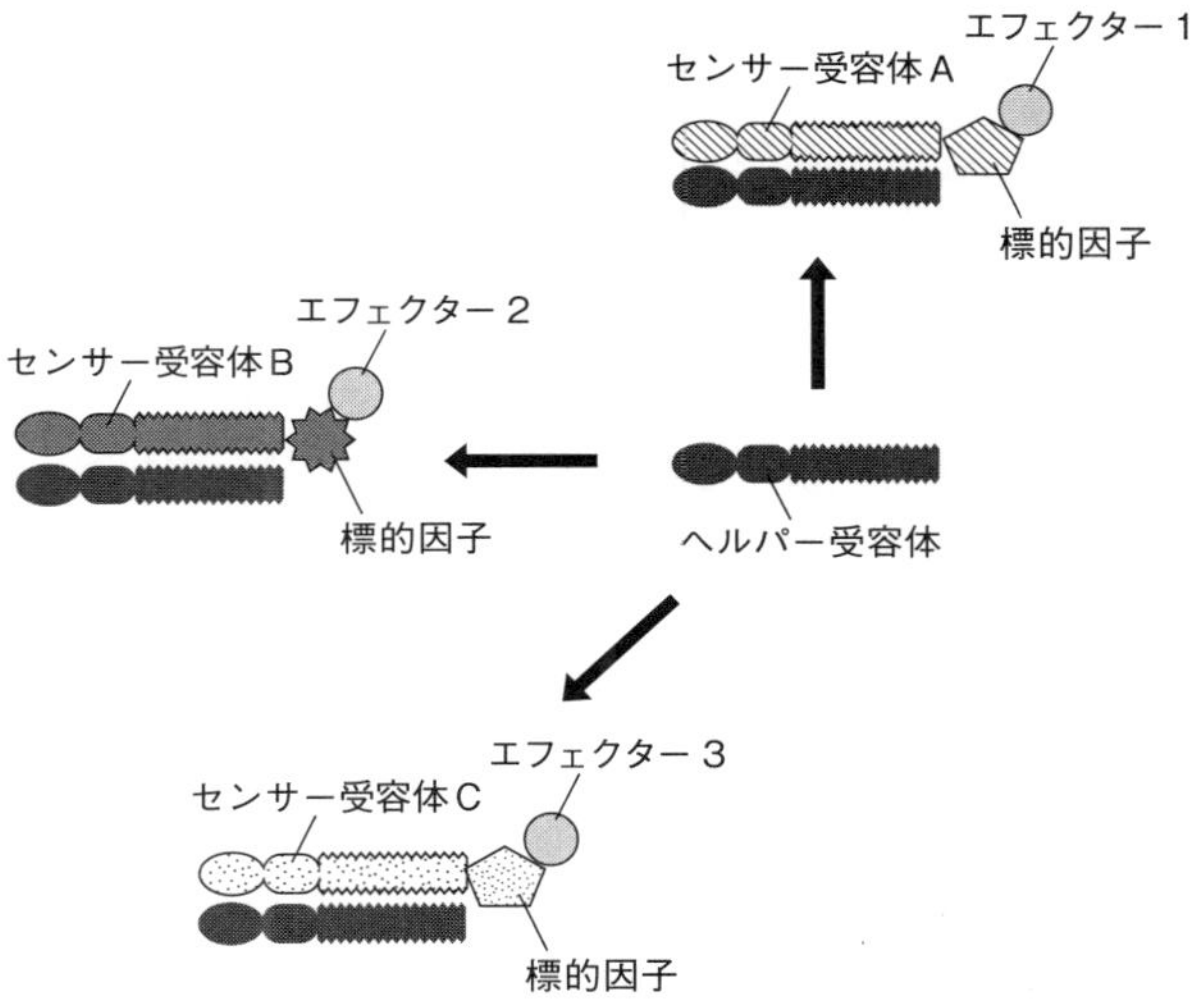

図4-6 抵抗性遺伝子の分業化

センサー受容体は、特定のエフェクターを感知し、ヘルパー受容体が、防御応答を誘導する。全てのセンサー受容体が、エフェクター標的因子を取り込んでいるわけではないが、この図のセンサー受容体遺伝子A、B、Cは、エフェクターの標的因子（　）を取り込むことで、特定のエフェクターを認識している。ヘルパー受容体は、複数のセンサー受容体と複合体を作ることができる

る役割と似ています。PTIとETIが、異なる植物免疫反応でありながら、同じように進化している点は興味深いものです。植物免疫に関わる分子を、センサーと下流への情報伝達に分業化させることは、コストを最小限に抑え、かつ多様で進化の速い病原菌に対抗するための進化戦略の最適解なのかもしれません。

　実際にナス科植物では、センサー受容体が多様化し、数を著しく増加

させた一方、それらは少数のヘルパー受容体に依存していることがわかっています（図4-6）。この抵抗性遺伝子による免疫機構は、動物のような抗体による体液性の獲得免疫系をもたない植物が独自に発達させた「免疫機構」であるといってもよいかと思います。

最終的に植物が上手をいっているように思えますが、ヘルパー受容体を標的とするエフェクターを分泌する病原菌や、エフェクターと似た囮分子を植物の分子に結合させて、防御機能を麻痺させ、本命のエフェクターを機能させるといった戦略をとる病原菌も報告されています。ここまでくると植物と病原菌の騙し合いは、とどまるところがないように思えます。

20世紀前半の遺伝学者であるJ・B・S・ホールデンは、病原菌が宿主の進化の原動力であると提唱しています。ここまで紹介してきたように、植物と病原菌との間の攻防が、植物と病原菌の双方に洗練された分子機構を発達させました。そして、本書では詳しく述べませんが、病害抵抗性遺伝子が、実は、植物の種分化にも寄与してきたこともわかってきています。まだ、私たちは、地球上の植物と病原菌の関係のうち、ほんのわずかしか分子レベルでの攻防を知りません。まだ誰も知らない植物と病原菌の「戦争」が、この地球のどこかで繰り広げられているでしょう。その中には、我々の想像を超えた植物と病原菌の権謀術数が渦巻いているに違いありません。

（注1）**アレル**……これまで、「対立遺伝子」が使われていたが、２０１７年に日本遺伝学会によって遺伝学用語が改訂され、「対立遺伝子」が「アレル」に変更された。元になる用語「Allele」の本来の意味である「多様なものの一つ」を考えると、「対立」という訳語は不適当と考えられたことによる。本書でも、「対立遺伝子」ではなく、「アレル」という用語を用いている。

（注2）**遺伝子組換え**……遺伝子どうしが、類似した配列を保有していた場合、類似した配列が起点となって、ＤＮＡ配列が交換または、どちらか一つのタイプに入れ換わってしまう現象。特に同一染色体上に並んで存在したときにより頻繁に起こることが知られている。

（注3）**遺伝子ファミリー**……同一の祖先遺伝子から由来した遺伝子群で、類似したＤＮＡ配列をもっている。

4-2 小さなＲＮＡを介した植物とウイルスの攻防

ここまで植物が病原体から身を守る手段として、ＰＴＩやＥＴＩに代表される「植物免疫系」について詳しく説明しましたが、実は植物にはこれ以外にも強力な自己防衛システムがあります。とりわけ重要なのは主にウイルスをターゲットとした**ＲＮＡサイレンシング**とよばれる機構です。サイレンシング（silencing）は消音を意味する言葉で、ＲＮＡサイレンシングはＲＮＡの機能を〝消音〟する、すなわちＲＮＡの機能を無効化する機構のことをいいます。ＲＮＡサイレンシングは**ＲＮＡ干渉**ともよばれますが、バクテリアを除くほとんどの生物がこの機構をもっています。この現象が見つかってからまだ30年も経っていませんが、生物の営みにこのＲＮＡサイレンシングが極めて重要な役割を果たしていることがわかってきました。

ＲＮＡサイレンシングとは何か

ご存じの通り、ＲＮＡはＤＮＡに保存された遺伝子情報を読み取り、その情報をもとにタンパク質を合成する際のさまざまなステップで働く生体分子です。植物の場合、ＲＮＡサイレンシングの〝消音〟とは、標的ＲＮＡを分解してしまう仕組みです。詳細はおいおい紹介しますが、この仕組みでは**2本鎖RNA**が重要な働きをしており、それを特異的に分解する酵素によって生成される小さな2本鎖のRNAが、特定の遺伝子の発現を強力に抑制するのに役立つのです。それではまずRNAサイレンシングの発見から話を始めましょう。

植物ウイルス学者の真骨頂

実は、この生命現象を最初に発見したのは植物ウイルス学者でした。「細胞内でRNAが特異的に減少していく現象が存在する」。この発見は、植物学者による2つの研究の中で、ほぼ同時に報告されました。最初の発見者は、米国のウイリアム・ダガティーです。彼は1992〜99年にかけての一連の研究で、植物ウイルスに感染した植物が生長するにつれて、モザイク症状などの病徴が徐々に軽くなっていく「リカバリー」という現象があることを発見しています。ダガティーは慧眼（けいがん）の士で、細胞には塩基配列特異的に病原ウイルスのRNAを分解する機構があることを予言しています。

もう一人の発見者は米国の植物分子生物学者、リチャード・ヨルゲンセンらのグループです。彼らは、ペチュニアの色素合成遺伝子を遺伝子組換えによって過剰に発現させて、色鮮やかなペチュニアの花を咲かそうと考えました。ペチュニアは、日本でも人気のある園芸植物で、さまざまな色の花を咲かせます。ところが、色素遺伝子を過剰発現させたところ、その遺伝子のmRN

Aが逆に減少してしまい、白い花が咲いてしまいました。この現象は当初**コサプレッション**とよばれましたが、その後に、**転写後型ジーンサイレンシング**（**PTGS**）とよばれるようになりました。これらの発見から、生物には特定のRNAが特異的に抑制される現象があるということがわかりましたが、その詳細な機構は謎のままでした。

1998年になって、「RNAサイレンシングの引き金が2本鎖RNAである」ことが線虫を用いた実験によって発見されると、RNAサイレンシングが真核生物に普遍的に存在することが世界で認知されるようになりました。線虫にターゲット遺伝子と同じ配列をもった2本鎖RNAを食べさせるだけで、ターゲット遺伝子のmRNAが分解されてしまったのです。この業績によって2006年に米国のアンドリュー・ファイアーとクレイグ・メローにノーベル生理学・医学賞が授与されました。彼らはこの現象をRNA干渉（RNAi）と命名したことから、主に動物学者はこれをRNAiとよびましたが、植物学者はそれ以前の研究から使われていたPTGSの名称を使う傾向にありました。このように用語が混乱した時代がありましたが、本書では総称としてRNAサイレンシング（以下、RS）という用語を用いることにします。

その後、このRSの実体解明に世界中の研究者がやっきになり、研究のブームが訪れたことは記憶に新しいところです。その中で、常に先頭集団にいたのが、植物ウイルスの研究者でした。たとえば、「2本鎖RNAがなぜRNA分解の引き金になるのか」という根本的な問いに対する答えは、イギリスの植物ウイルス学者のデビット・ボルコムらが、小さな2本鎖のRNA、すなわちsiRNAを検出したことによって、みごとに明らかになりました。siRNAがサイレンシングで切断するべきターゲットRNAを配列特異的に探し出す役割を担っていたのです。それでは、こういった研究の結果、明らかになったRS機構について、図を参照しながら説明してみましょう。

RNAサイレンシング機構の基本的なフロー

図4-7をご覧ください。

RNAサイレンシングの機構は、細胞内にさまざまな理由で生じた2本鎖RNAを細胞が認識するところから始まります（①）（1本鎖RNAでも内部の塩基どうしの結合によって形成される折畳み構造は部分的に2本鎖RNAとなることがあります）。このような2本鎖RNAは、細胞内で異物として認識され、ダイサー（DCL）とよばれる2本鎖RNAを特異的に分解する酵素によって、21〜24塩基程度の短いRNA（siRNA）に切断されます（②）。

この短い2本鎖のRNAは、アルゴノート（AGO）とよばれるタンパク質に取り込まれ、そこで1本鎖になり、他の細胞内タンパク質とともにRISC（リスク、RNA誘導サイレンシング複合体）とよばれるタンパク質複合体を形成します（③）。RISC複合体は細胞内をパトロール

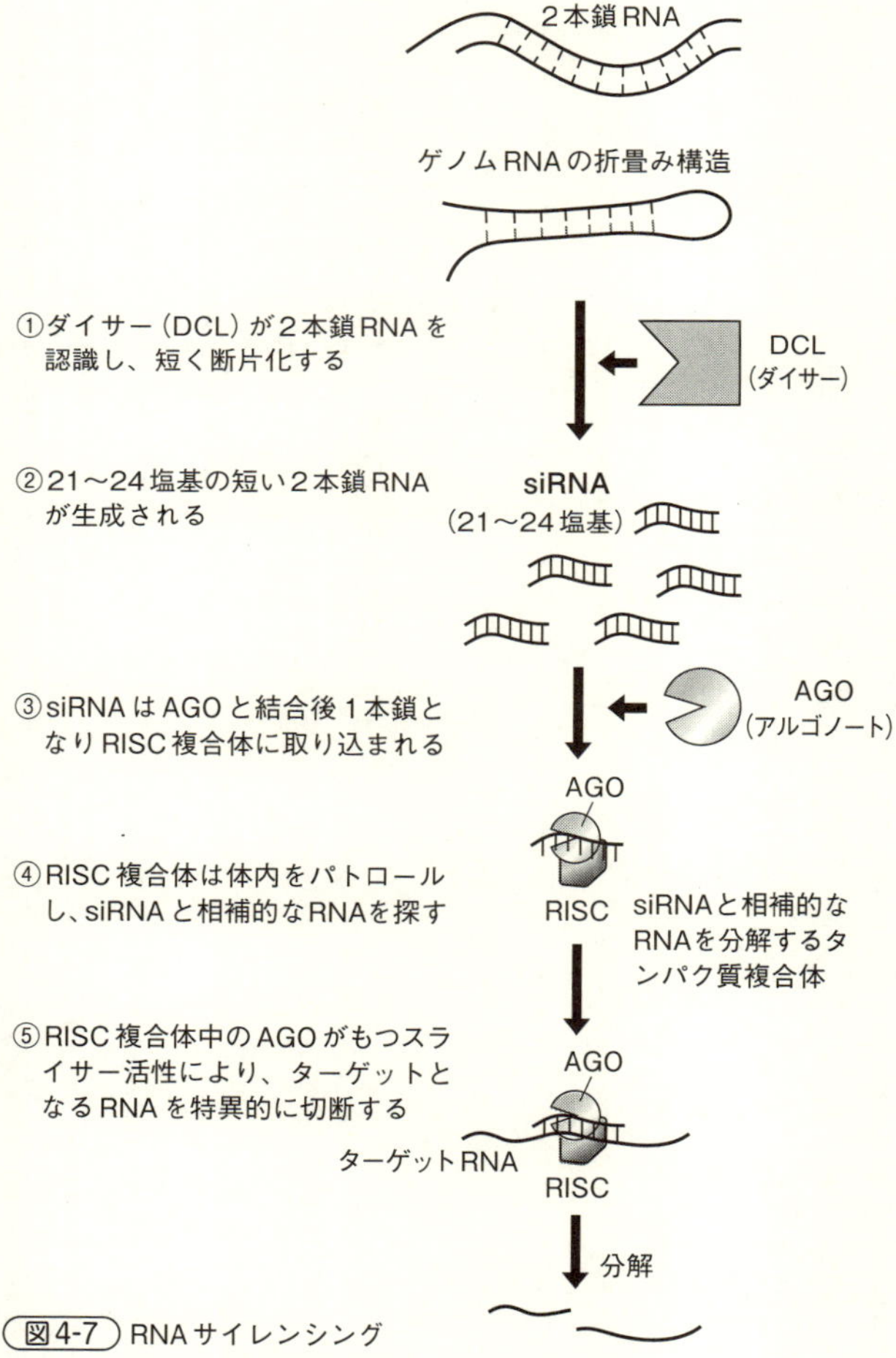

図4-7 RNAサイレンシングの基本的なフロー

DCL：2本鎖RNA分解酵素。siRNA：DCLの分解によって生じる21～24塩基の2本鎖RNA断片。AGO：アルゴノートの略称。siRNAやマイクロRNAと結合して、ターゲットRNAを探し出し、切断する酵素。RISCの主要構成因子。RISC：RNA誘導サイレンシング複合体。AGOはRISCの構成因子し、取り込んだ1本鎖ｓｉＲＮＡと相補的な配列をもっているＲＮＡを発見して（④）、ＲＩＳＣ複合体中のＡＧＯにあるスライサー活性によってそのＲＮＡを特異的に切断します（⑤）。この切断されたＲＮＡは、機能を失い消滅します。

「植物はウイルスの侵入に備えるためにＲＮＡサイレンシングを進化させた」という説がありま す。細胞における基本的な遺伝子の発現経路、いわゆるセントラルドグマの流れには2本鎖ＲＮＡは必要ありません。一方、ＲＮＡウイルスが複製するときには、複製中間体として2本鎖ＲＮＡが必ず出現します。このウイルスの存在に伴い出現し、自己の細胞には基本的に存在しない2本鎖ＲＮＡという分子を、植物細胞がウイルス侵入のアラーム、つまりＰＡＭＰとして認識し、抵抗性機構（ここではＲＳ）を活性化するのは、とても理にかなっていると言えます。ＲＮＡサイレンシング機構は、後述するように、植物の形態形成などにも重要な役割を果たしていますが、元をたどればウイルスに対する抵抗性機構として、植物がこれを発達させてきたというのは面白い話だと思います。

植物のｓｉＲＮＡ対ウイルスのＲＮＡサイレンシングサプレッサー

実際、ウイルスの感染を受けると、植物は感染細胞中でウイルスＲＮＡからｓｉＲＮＡを作り出し、ＲＳを活性化します。図4-8をご覧ください。細胞の傷口などから侵入したウイルスは

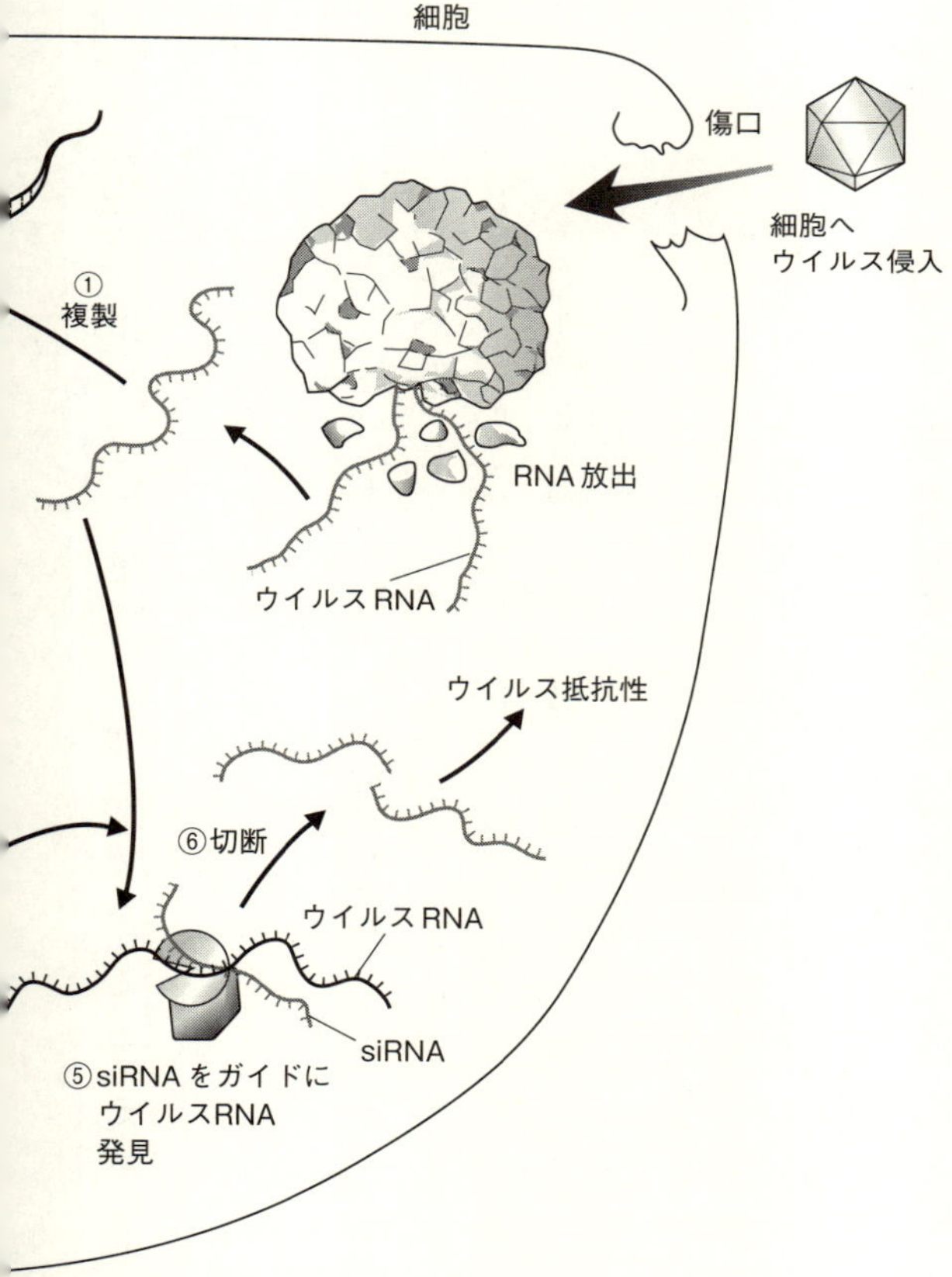

図4-8

RNA サイレンシング対ウイルスのRNA サイレンシングサプレッサー

RNA サイレンシングの構成因子については、本文と図4-7を参照。ウイルスのRNA サイレンシングサプレッサー（RSS）は、RNA サイレンシング機構のさまざまなステップを阻害する。たとえば、RSS はsiRNA やマイクロRNA に結合してそれらの機能を「消去」する

RNAを細胞質に放出し、複製を開始します。このときに生じる2本鎖RNAを細胞のダイサー（DCL）が認識することによりRS機構が活性化し、図4-7で示した流れにそって、最終的にウイルスRNAが切断されることになります。siRNAは植物がウイルスをターゲットとして

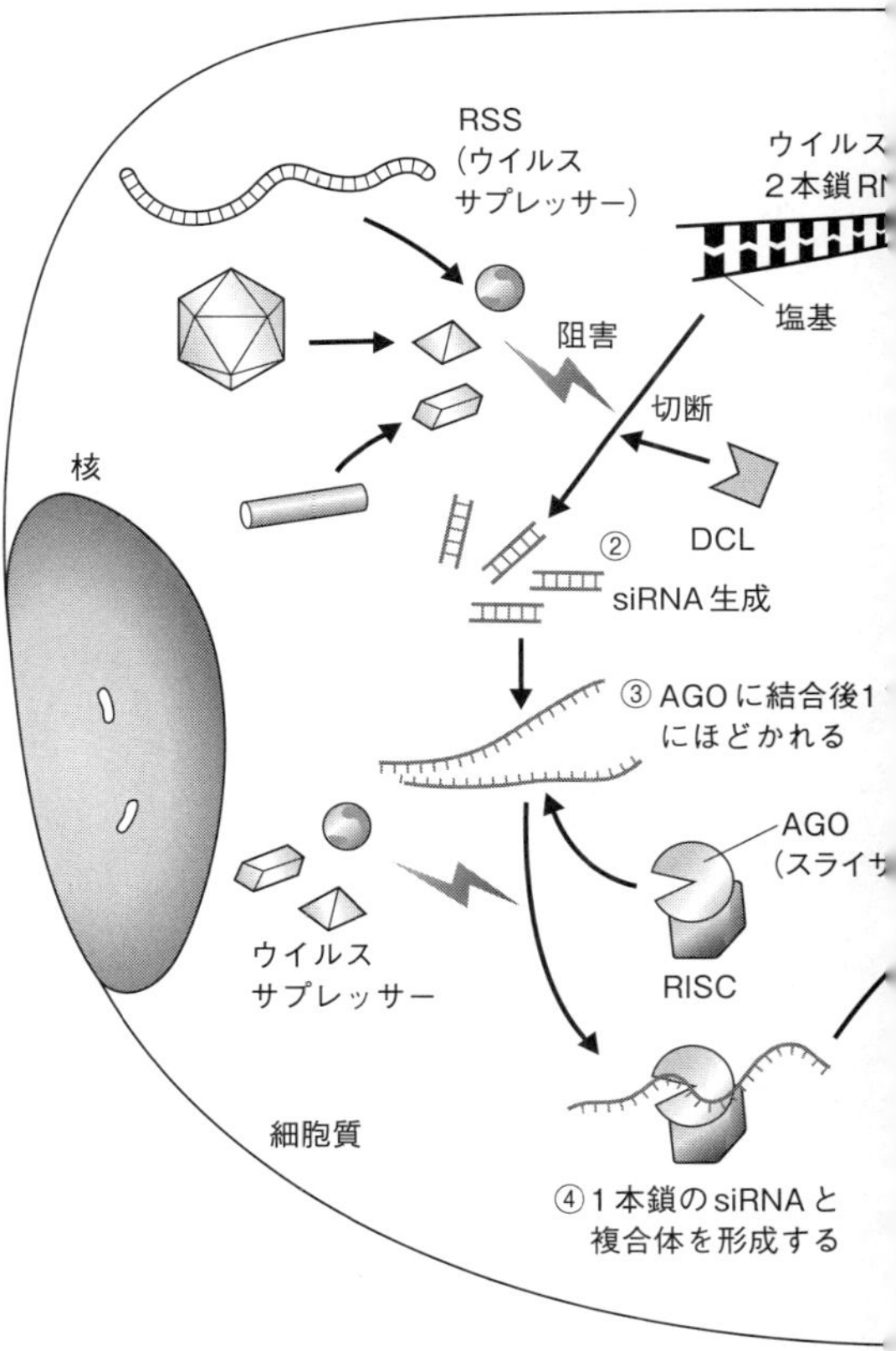

破壊するために製造する「ミサイル」と言えます。これによりウイルスの増殖にブレーキをかけることができるわけです。

しかし、ウイルスもやられているばかりではありません。この植物のRSを用いた攻撃に対して、ウイルスが繰り出すカウンターの「迎撃ミサイル」がウイルスの**RNAサイレンシングサプレッサー**（以下、RSS）とよばれるタンパク質です。このRSSという名称はRSを阻害するという機能をもつ複数のウイルスタンパク質の総称であり、個々のウイルスが作り出すRSSは、siRNA経路の異なった過程を阻害することが知られています（図4-8）。

その中でも多くのウイルスのRSSはsiRNAに直接結合して、その働きを「消去」する機能をもっています。まさに「迎撃ミサイル」です。しかし、それだけではなく、たとえばAGOに結合して、その機能を阻害するものやAGOやDCLの遺伝子発現量を抑制してしまうものも存在します。先に紹介した病原菌のエフェクターがPTIのさまざまなステップを阻害してしまうこととよく似ています。植物ウイルスの多くは、遺伝子をわずか数個～10個程度しか保有していませんが、そんなウイルスがエフェクターのようなRSSを作り出して、宿主の防御機構を攪乱していることは驚きです。緻密なメカニズムを駆使したウイルス対植物のミクロの攻防戦です。また、この植物ウイルスのRSSはRS機構を解明するための強力な材料となってきた歴史があります。先に挙げたボルコムらは、ウイルスのサイレンシングサプレッサーとsiRNAの関係を精力的に研究し、ＲＳＳがウイルスに対するｓｉＲＮＡの機能を消去してしまうことなどを明らかにしました。

さて、ここで、「植物ウイルスのサプレッサーの研究がＲＳ自体の研究に役立ったという話はわかったが、なぜ、動物ウイルスの話が出てこないのか」と疑問に思う人もいるのではないでしょうか。植物には、血液がないので、動物に存在する液性免疫（抗体などによる防御）がありません。したがって、侵入してくるウイルスに対して、ＲＳを最大限に強化・利用できるように進化させたと考えられています。一方、哺乳類におけるウイルス防御では抗体を用いた機構が主力であり、ＲＳの出る幕は限られていると考える人たちも少なくありません。しかし、実は、動物ウイルスからもＲＳＳは見つかっており、哺乳類においてもウイルスのＲＳＳと宿主細胞のＲＳの間で攻防があることを意味しています。哺乳類でも、抗体を用いた免疫に加えて、ウイルスとの戦いにＲＳを補助的に利用しているとみていいのではないでしょうか。

マイクロＲＮＡ経路とウイルスによって誘導される病徴

ここまでｓｉＲＮＡを用いたＲＳの話を紹介してきましたが、実はＲＳには**マイクロＲＮＡ**（**ｍｉＲＮＡ**）経路とｓｉＲＮＡ経路の２つがあります。ここからはｍｉＲＮＡ経路へと話を移していきたいと思います。

ｍｉＲＮＡ経路は、ｓｉＲＮＡ経路と主要な因子を共有しています。図4-8と図4-9をご覧いただければ、おわかりいただけると思いますが、両者の機構は非常に似通っています。ただし、最終的に作用するターゲットは、ｓｉＲＮＡがウイルス由来のＲＮＡ等であるのに対して、ｍｉＲＮＡは主に植物自身のｍＲＮＡ等になります。植物は、ｓｉＲＮＡ経路を使って、病原ウイルスの感染拡大を食い止める一方で、ｍｉＲＮＡという似通った機構で、自らの遺伝子の発現を制御しているのです。

ややこしい話なので、図4-9を用いながら順を追って説明していきます。ｍｉＲＮＡは核ＤＮＡから転写されて1本鎖の前駆体ＲＮＡとして出現します（①）。この前駆体は、同一分子内の相補的な塩基どうしの結合によって折り畳まれ（②）、一部2本鎖ＲＮＡ構造をとるため、核内でその部分をダイサーが認識して図にあるようにトリミングします（③）。

その後、ｍｉＲＮＡは核から細胞質に移動します（④）。成熟した2本鎖ＲＮＡはアルゴノート（ＡＧＯ）タンパク質に結合し、1本鎖になり（⑤）、片方のみが複合体に残ります（⑥）。その他の細胞因子も集合したＲＩＳＣ複合体が、ｍｉＲＮＡの配列をガイドとして、標的となるＲＮＡを探しだします。ＲＩＳＣ複合体に捕捉された植物の標的ｍＲＮＡは、ＡＧＯによって切断されます（⑦）。このためターゲット遺伝子のｍＲＮＡの蓄積量が減少して、遺伝子の発現が抑制されることになります。

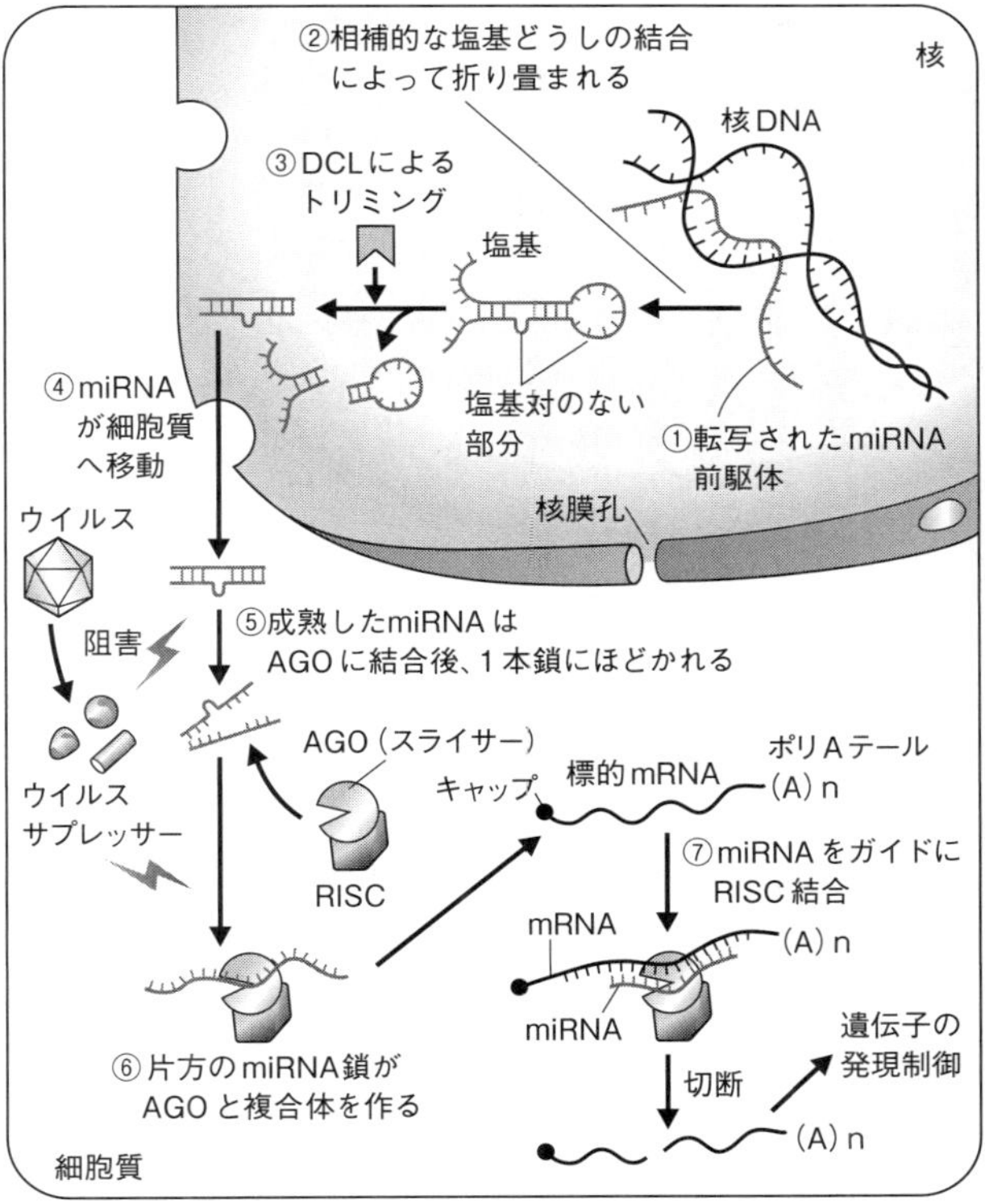

図4-9　miRNAの生合成とウイルスのRNAサイレンシングサプレッサー
サイレンシングサプレッサーは図4-8のsiRNA経路同様に、miRNA経路のさまざまなステップを阻害する

それにしても、植物たちはなぜ自らのＲＮＡを切断するようなシステムを作り上げたのでしょうか。実は、植物たちは、養分吸収機構の維持やストレス応答、さらには、根、茎、葉そして花などへの分化に関連するさまざまな遺伝子の発現をｍｉＲＮＡによって調節しています（図4-10）。

人間でも植物でも事情は同じですが、遺伝子から合成されるタンパク質には適切な量があり、遺伝子の発現量が多ければ多いほどよいというわけではありません。

植物で言えば、根や葉、花の分化に必要なタンパク質は、生長の進み具合によって違っており、遺伝子の発現量もこれに連動します。植物は、ｍｉＲＮＡと標的ｍＲＮＡの比率をバランス良く調整することで植物の生長に関わる遺伝子群の発現をほどよくコントロールしているのです。病原ウイルスの感染防御にも用いられる共通の機構を使って、遺伝子の発現量を調節しているのですから、ある意味、実に効率的な仕組みと言えます。

さて、そんな植物にウイルスが感染するとｍｉＲＮＡはどうなるのでしょうか。ウイルスは、このｍｉＲＮＡ経路のさまざまなステップをＲＳＳによって阻害しようとします。厳密には、ｍｉＲＮＡ経路とｓｉＲＮＡ経路では、ＤＣＬやＡＧＯの種類が異なるのですが、ＲＳＳは複数の同じ機能のタンパク質を認識して、それに作用することができるのです。注目すべきは、このウイルスのＲＳＳの作用によってｓｉＲＮＡ経路と主要な因子を共有して生成されるｍｉＲＮＡの

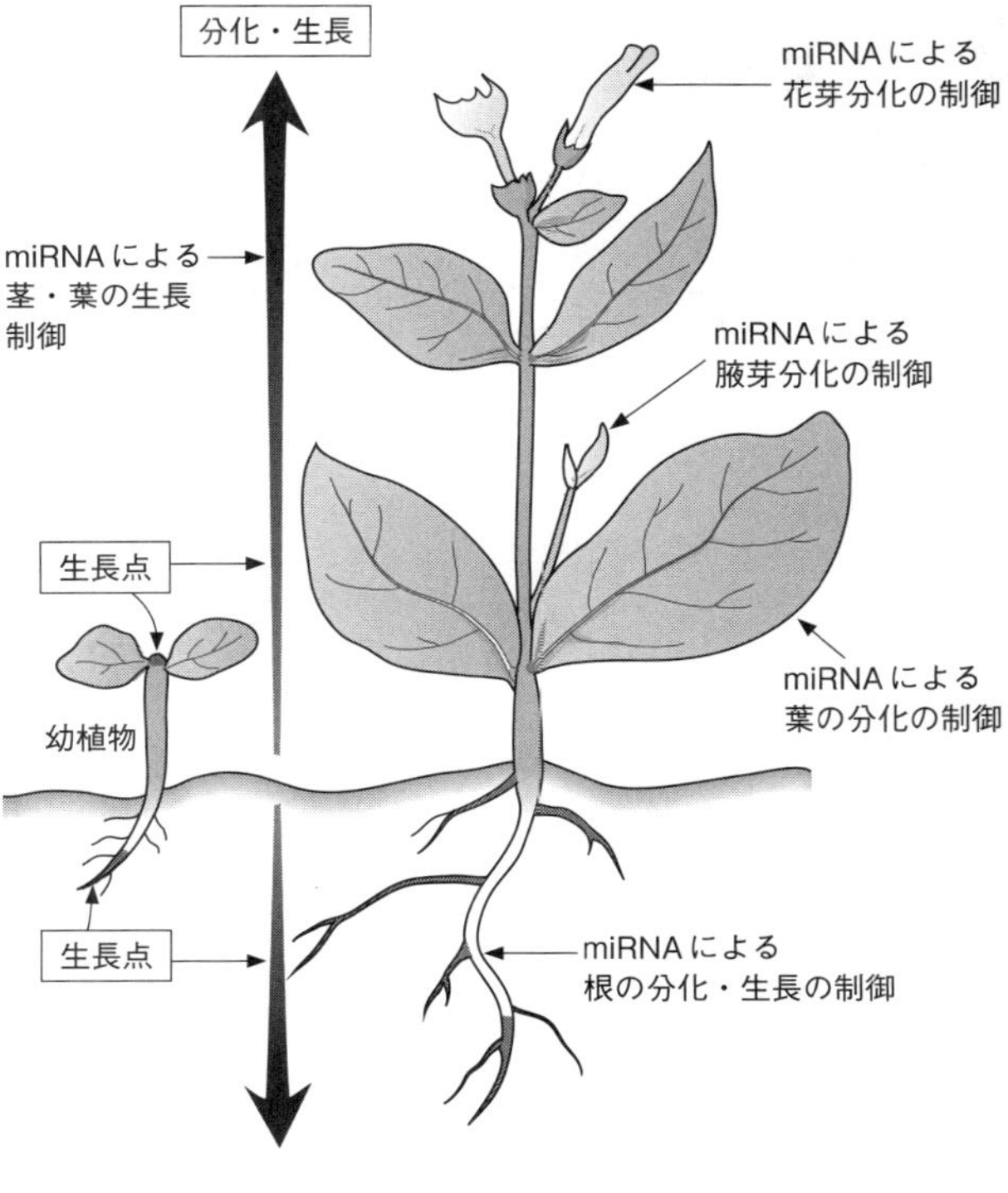

(図4-10) 植物の分化・生長を制御するmiRNA
植物の根、茎、葉そして花芽形成に至る生長段階に応じて、さまざまなマイクロRNA（miRNA）がタイムリーに遺伝子の発現量を調節している

図4-11 キュウリモザイクウイルスのRSSを発現する形質転換シロイヌナズナ（左）と非形質転換体（右）

2bタンパク質はCMVのサイレンシングサプレッサーで、2bの発現量に応じてさまざまな表現型を示す。左のシロイヌナズナは、葉の形がのこぎり状になり、奇形となった。ウイルス感染個体で観察される病徴に類似している

蓄積量が大きく変動してしまうことです。

これにより植物の分化・生長に異常が現れます。ウイルスと植物の攻防戦の影響でｍＲＮＡの発現が混乱をきたした結果が「病徴」と言えます。ウイルスの病徴とは、植物の外見に現れるモザイク（葉の濃淡）や壊死などの症状のことです。この病徴の出現に植物のＲＳとウイルスのＲＳＳは深く関与しているのです。

図４-11の写真はキュウリモザイクウイルスのＲＳＳを発現する形質転換シロイヌナズナです。ウイルスに感染していなくても、ＲＳＳだけでウイルスが誘導する奇形を再現した症状が生じています。このように病徴は、ウイルスと植物のＲＳをめぐる攻防戦の激しさを伝える指標になっていると言えます。ま

た、このことはウイルス感染による病徴がどうやって現れるのかという謎についても一つの答えを見出したことになりました。

病原菌と宿主植物間で起きるサイレンシングパンチの応酬

最後に、RSはウイルス以外の植物病原体と宿主植物の戦いにおいても重要な役割を果たしていることをお話ししましょう。ここまで「RSはウイルスに対する抵抗性機構」と説明しましたが、ウイルス対宿主植物の戦いは、ウイルスRNAがRS機構で直接分解されることからすると、いわば「がちんこの殴り合い」のイメージです。一方、同じ病原体であっても、糸状菌や細菌などの病原菌に対してはRSがどう関与するのか長らくわかっていませんでした。しかし、その実体が、最近ようやく少しずつ明らかになりつつあります。

一つの例は、灰色かび病という多犯性の糸状菌で見つかりました。この菌は、感染時にBc-sRNAとよばれるsiRNA様の小さいRNAを分泌して宿主細胞に送り込みます。このBc-sRNAにはいくつもの種類がありますが、その中には宿主の防御応答に欠かせないMAPキナーゼというシグナル伝達系のタンパク質をコードしている遺伝子をターゲットにしているものがあります。つまり菌はsiRNAを送り込むことにより、宿主植物のRS機構を利用し、宿主の防御応答に必要な遺伝子のmRNAを分解してしまおうという恐るべき戦略を密かにとっていたのです。

この他にも細菌や卵菌のエフェクタータンパク質が、ＲＳＳの活性をもっていることがわかっています。つまり、ＲＳはウイルスだけでなく、他の病原菌に対する防御応答にも関与していることが強く示唆されており、病原菌はＲＳＳによりそれに対抗しているのです。特にｍｉＲＮＡ経路は、病原菌の応答に重要な役割を果たしていることが次々と明らかとなっており、病原菌側はこの経路の撹乱を狙っています。よく知られた例としては、第３章に出てきたトマト斑葉細菌病菌ＰｔｏのもつエフェクターAvrPtoとAvrPtoBです。これらは宿主の防御応答に必要なｍｉＲ３９３というｍｉＲＮＡの生成を阻害することがわかっています。

このように病原菌は植物の防衛機構の中枢部の混乱を画策し、植物は菌の対植物攻撃拠点にダメージを与えるために、日々静かな分子の攻防を繰り広げているのです。いわば、お互いの攻撃・防衛能力の撹乱を狙った「サイバー攻撃の応酬」のイメージでしょうか。このＲＳを介した病原菌と植物の戦いには、今後さらなる秘密兵器が登場することもあるだろうと思います。

サイレンシングを巡る植物対ウイルスの攻防戦第２幕

本文では、ウイルスと植物の攻防戦の結果が病徴であると述べました。この攻防の中で、時に非常におもしろい病徴を示す例があります。キュウリモザイクウイルス（CMV）はタバコの葉にモザイク病徴を誘導しますが、サテライトRNA（Y-sat）とよばれる短いRNAがCMVに寄生すると、タバコは目を見張るような鮮やかな黄色に変化します。筆者はこの原因を追い続け、Y-satから生じたsiRNAがタバコのクロロフィル合成遺伝子のサイレンシングを誘導（おそらく偶然に）していることを突き止めました。クロロフィルを失ったタバコは、カロチノイドなどの色素が目立つようになり、鮮やかな黄色を呈していたのです。この偶然に生じた黄色は、CMVの生き残り戦略に、第２幕を提供します。CMVはアブラムシによって周囲の植物に伝搬されます。このアブラムシが黄色に強く引き寄せられる習性をもっているので、黄色に変身したタバコはアブラムシにとって格好の標的になるのです。CMVはタバコとの間でサイレンシングを介した激しい戦いを繰り広げたあげく、最後には、サイレンシングの標的を自身ではなく、タバコの遺伝子にうまくふりむけ、その結果生じた病徴を利用してさっそうと退場していくわけです。何と巧みな生き残り戦略だと感嘆せざるをえません。

CMV（右）にY-satが寄生して鮮黄色に誘導（左）

第5章

植物と微生物の寄生と共生をめぐる「共進化」

5-1 微生物と植物の相互作用の始まりとその進化

植物病原菌は、微生物界の変わり者？

図5-1はどこにでもあるような森のなかの木の根元の写真です。太い木が根を張り、木の表面には苔のようなものが生えており、根元には土の上に腐った枯れ葉が積み重なり、また若芽から展開した青々とした葉が見えます。このような環境で、微生物にとってもっとも簡単に豊富な栄養にありつけるのはどこでしょうか？　言うまでもなく、根元の腐葉土の部分でしょう。

本書では、ここまで植物と病原菌がさまざまな方法を駆使して、騙し騙され合いながらせめぎ合っている様子について紹介してきましたが、すでに死んでしまった植物から栄養をとれば、微生物にとっては安易に生きる糧を得られるわけです。このような栄養に富んでいる土壌の中には百万種に迫る数の微生物が共存しています。さまざまな種類の微生物が同じような場所で栄養を求めれば、過酷な栄養獲得競争が起こります。生育スピードが速いもの、栄養の吸収効率が良いもの、拡散がスピーディーなものが生き残ります。糸状菌の仲間が表面積の大きい細長い細胞をもち、多数の胞子を拡散させるのは、このような競争に勝ち抜くためです。ほかの微生物の生育を妨げることで、自分の取り分を確保するような連中も現れます。たとえば青カビの作るペニシリンに代表されるような、抗生物質を作るような菌たちです。

では、このような熾烈な栄養獲得競争を正攻法で勝ち抜く以外に、微生物にとって何か良い栄養獲得方法はないでしょうか？　土の中には生きている植物の根があり、地上部には青々とした葉が生い茂っています。この生きた植物から栄養をとるという「特技」を身につけて、ニッチな環境の栄養分を（ある程度）占有することに成功したのが、植物病原菌をはじめとする植物に感染する微生物たちです。

図5-1
樹木の根元の腐葉土と木の若芽

植物病原菌はいつごろ発生したのか？

植物や緑藻の共通の祖先は、今から約15億年前、先カンブリア時代原生代に誕生したと考えられています。原始的な単細胞生物である細菌が地球上に誕生したのは約38億年前で、それよりも遥か後代に出現した植物の祖先は、誕生の過程を通して細菌に栄養を奪われないメカニズムをもっている必要があったと考えられます。

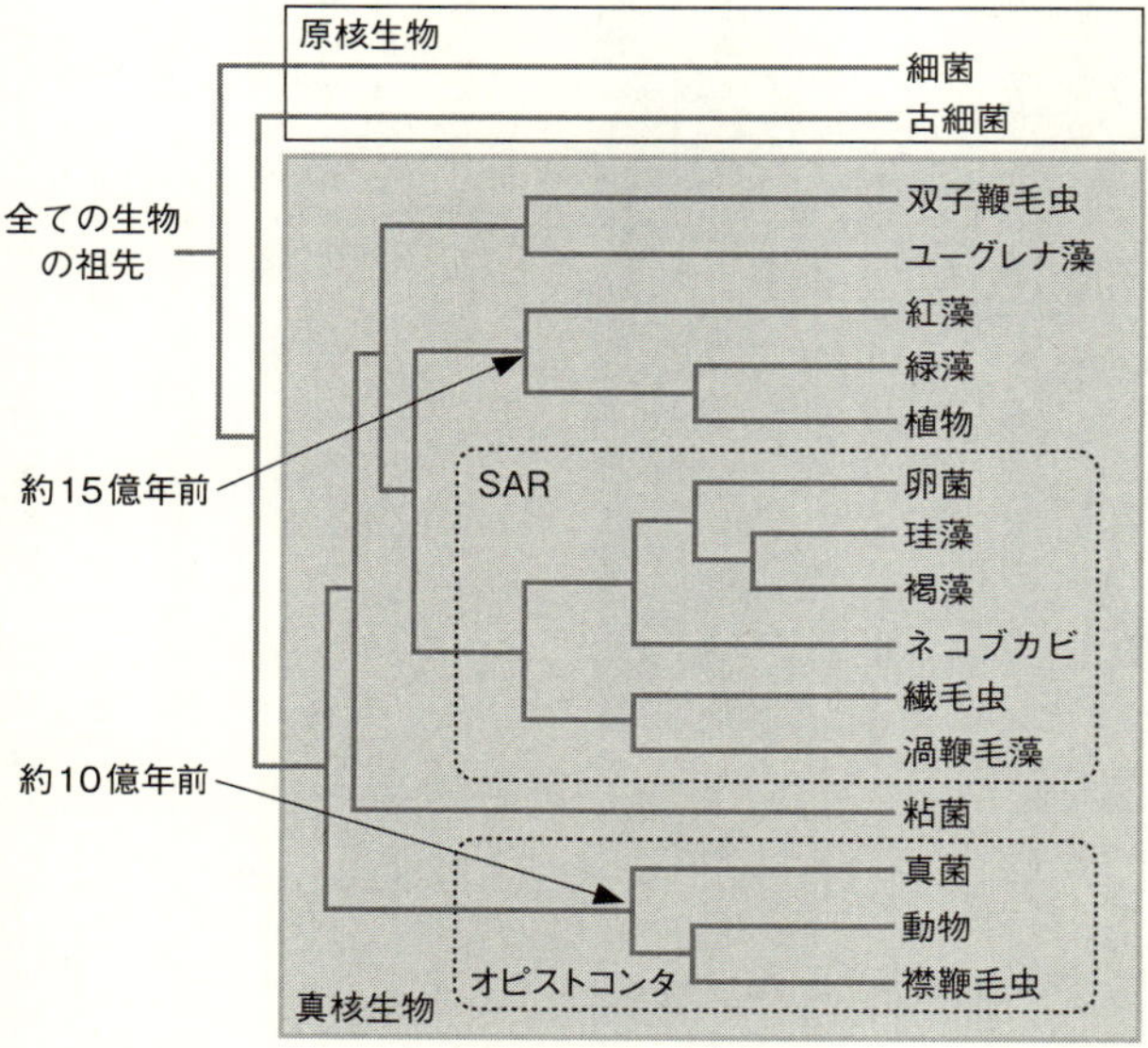

図5-2 生物の進化系統樹

この図では細菌と古細菌の分類について詳細は示していないが、全生物は（真性）細菌ドメイン、古細菌ドメイン、真核生物ドメインの3つの生物グループに大きく分類されている。この図で示しているそれぞれの系統が発生した年代、類縁関係には諸説ある

一方、真菌（糸状菌）の共通祖先が誕生したのは約10億年前と推定されており、すでに植物と緑藻の祖先が繁栄している時代でした（図5-2）。

緑藻に感染する真菌のもっとも古い記録は約4億年前、デボン紀初期の化石の中から見つかっています。この化石では、原始的な緑藻（*Palaeonitella cranii*）に3種類の真菌が感染している様子が確認さ

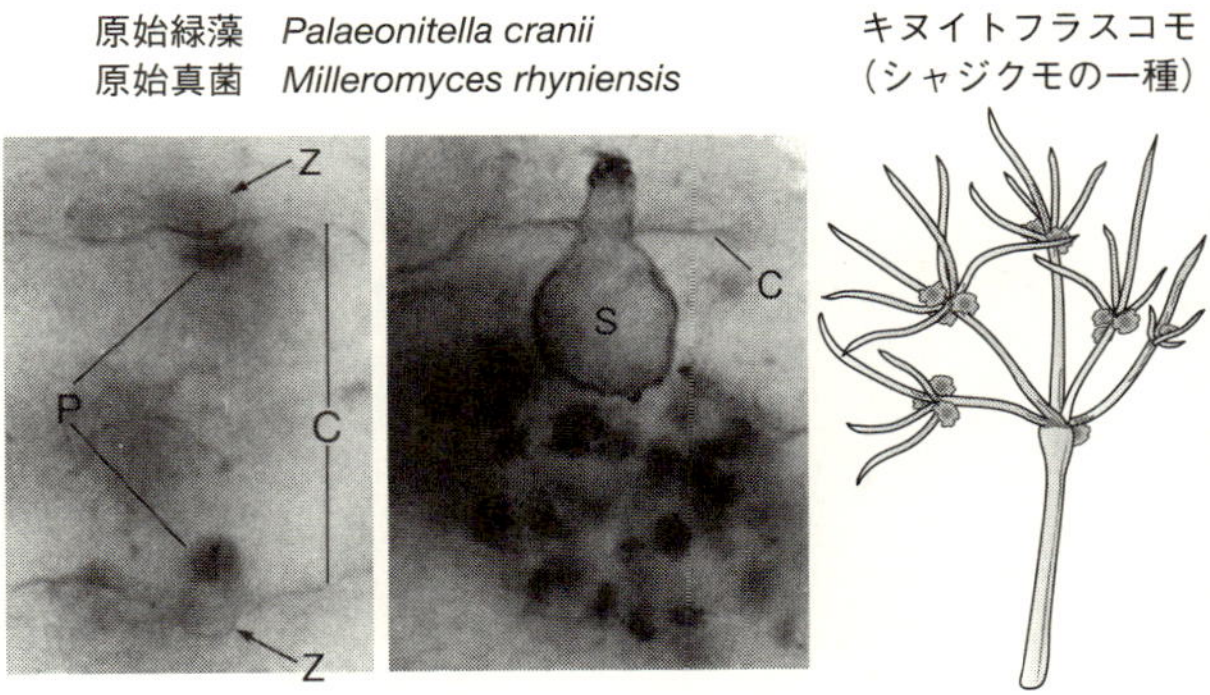

図5-3　化石に残されている緑藻類と菌類の戦い

デボン紀初期（約4億年前）の化石から見出された原始緑藻（*Palaeonitella cranii*）に感染する原始真菌（*Milleromyces rhyniensis*）。この緑藻は現在のシャジクモと類似した形態をしていたと推定されている。C：緑藻の細胞壁、Z：真菌の胞子、S：真菌の胞子のう。植物の抵抗反応の痕跡はPで示されている（Taylor *et al*., 1992）

れており、多様な真菌の祖先が古い時代から、生きた植物を栄養源としていたことが推察されます。この化石からは、植物が真菌の感染に対して抵抗反応を起こしている様子も見てとれます（図5-3）。

一般にはあまり知られていませんが、動物と真菌は進化的に比較的近縁な生物で、共に細胞の後ろに鞭毛をもつ生物を起源としているオピストコンタというグループに属します（図5-2）。その痕跡は現在にも残っていて、哺乳動物の精子ともっとも原始的な真菌であるツボカビ門の胞子（遊走子）は、とてもよく似た形態をしています（図5-4）。

このグループの生物は、ほかの生物から有機化合物を奪わないと生きていけない**従**

属栄養生物です。地球上に真菌の仲間は約150万種いると推測されていますが、生きた植物に病気を起こすことができる真菌は10万種ほどといわれています。一方、動物に感染する真菌は日和見感染菌（ほかの理由で弱った動物に感染する菌）の例を除けば50種ほどで、真菌はその宿主として植物をお得意様にしているといえます。これは、真菌の祖先が出現したときに、光合成によって有機化合物を作る**独立栄養生物**として繁栄していた植物の祖先のほうが、同類である動物の祖先と比較して栄養源として遥かに魅力的だったからかもしれません。

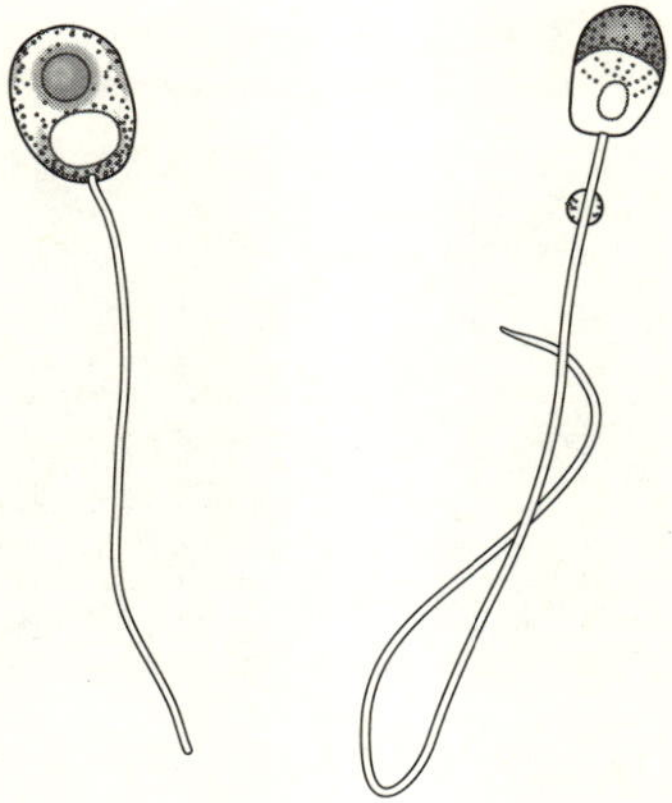

図5-4　オピストコンタ（後方鞭毛類）の形態的類似

ツボカビ門の遊走子（左）と哺乳動物の精子（右）は共に後方に鞭毛をもつ

どのように進化してきたのか

植物に感染する病原菌は、どのようなプロセスで誕生したのでしょう？　176～177ページの図5-5は、植物の病原菌や関連する微生物がどのように進化していったか、推定される過程を示しています。若干複雑そうな図ですが、大まかに言うと植物に感染する微生物の進化に3つの重要な段階があることを示しています。

〈第1段階〉

生物遺体や老廃物などから栄養を吸収する微生物である「腐生菌」から、生きた植物に感染する能力を獲得した「原始的な病原菌」への進化のステップです。腐葉土のような栄養が豊富な環境での過酷な栄養獲得競争の過程で、一部の微生物には通常は微生物の生育にとって厳しい環境（つまり競争相手の少ないニッチな環境）での生存能力を獲得することで、種を存続させるものがいました。植物病原菌の祖先はニッチな環境の一つである「生きた植物」に侵入する能力を獲得した微生物たちです。おそらく、当初は死んだばかりの植物や傷ついた植物の栄養を利用したような菌たちだったのでしょう。そのような菌の中から、植物の細胞壁成分を分解する能力を高めるなど、健康な植物への侵入能力を獲得していくものたちが出てきます。

たとえば第2章でも紹介したように、真菌や卵菌の病原菌は健全な植物に侵入するための付着器という特殊な器官を発達させており、ほかの微生物に先んじて植物内部に侵入し、栄養を独占するための能力を獲得していきます。このようにして誕生した、植物病原菌として「素養」を獲得した微生物群は次なる障壁に直面することになります。

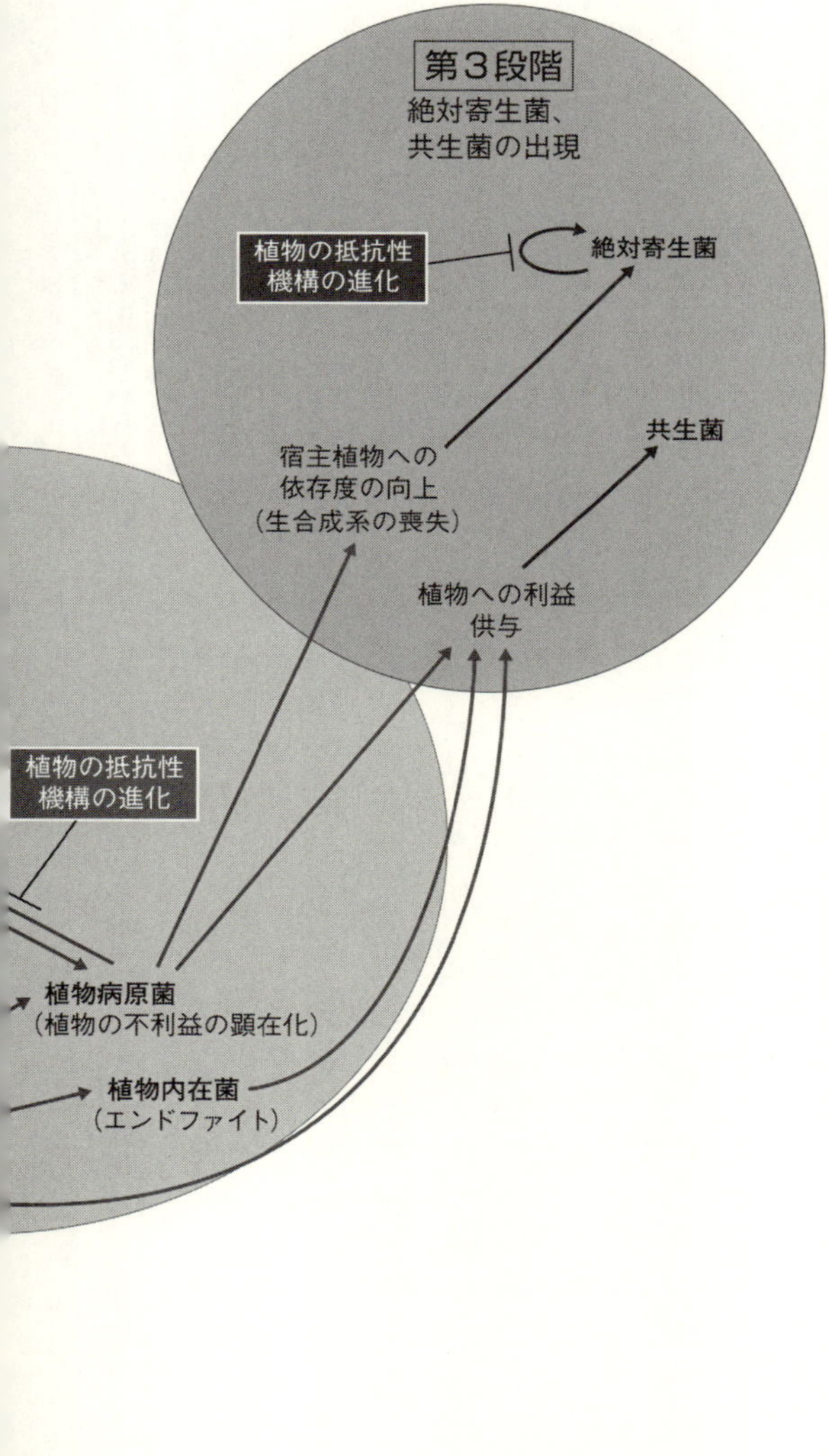

第３段階
絶対寄生菌、
共生菌の出現
植物の抵抗性
機構の進化
絶対寄生菌
共生菌
宿主植物への
依存度の向上
（生合成系の喪失）
植物への利益
供与
植物の抵抗性
機構の進化
植物病原菌
（植物の不利益の顕在化）
植物内在菌
（エンドファイト）

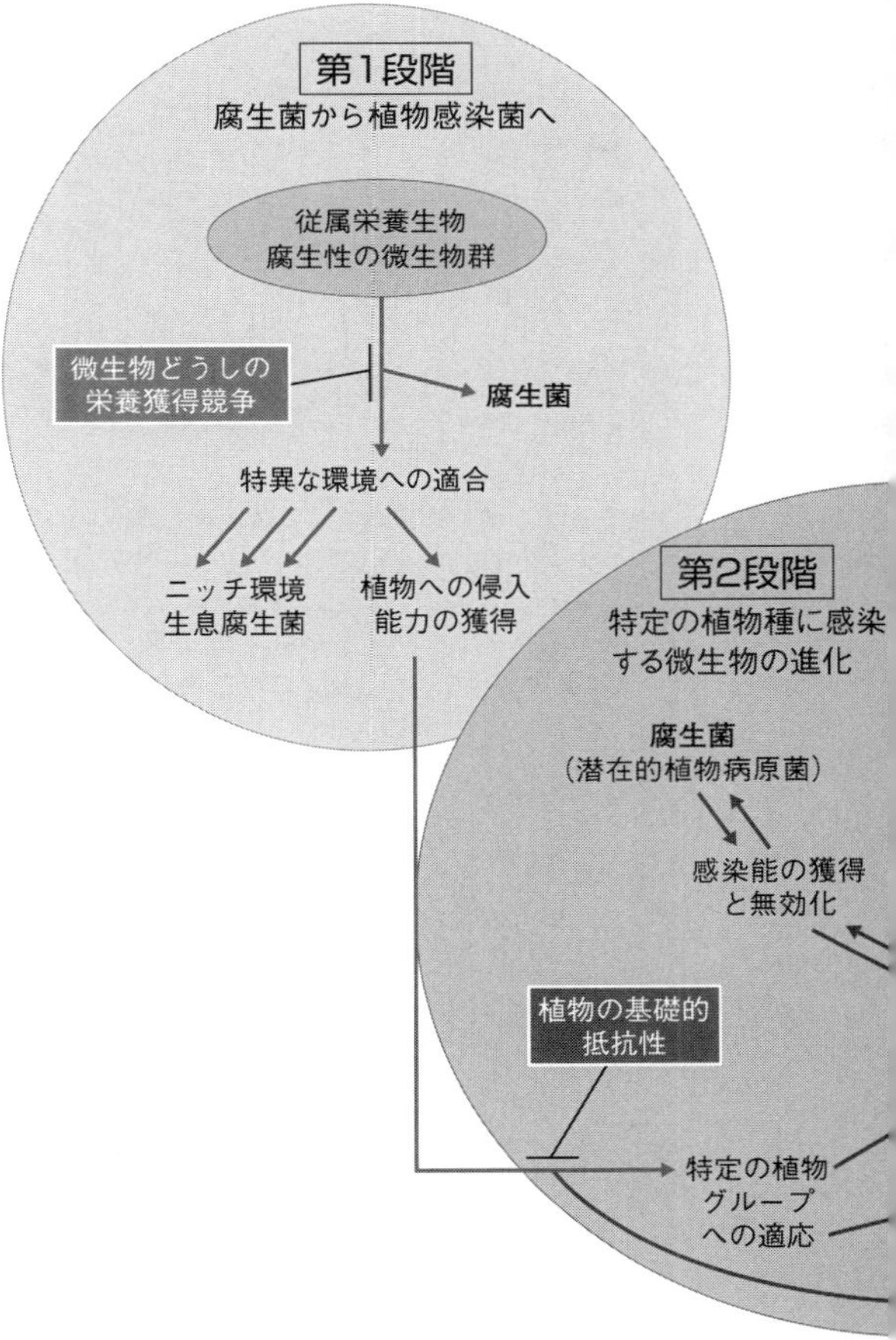

図5-5　腐生菌から植物病原菌や関連する微生物への進化過程（推定）

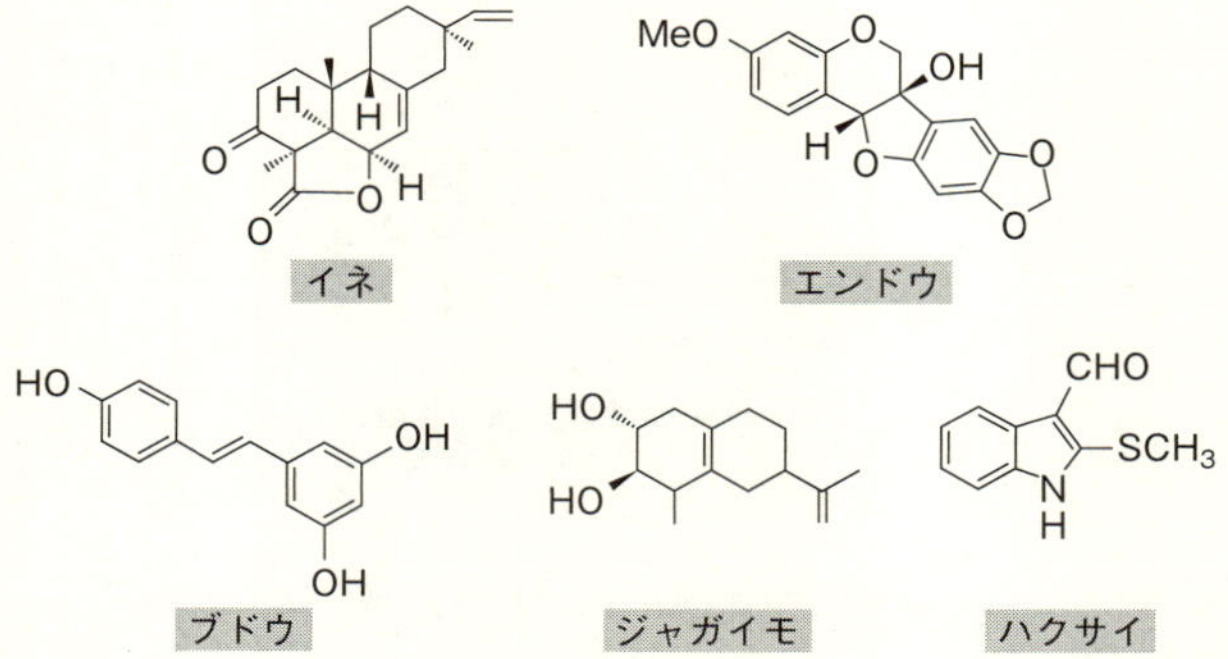

（図5-6） さまざまな植物の生産する抗菌物質の構造
イネのモミラクトン（ジテルペノイド）、エンドウのピサチン（フラボノイド）、ブドウのレスベラトロール（スチルベノイド）、ジャガイモのリシチン（セスキテルペノイド）、ハクサイのブラシカナル（インドール）など、異なる植物種はさまざまな構造の抗菌物質を生産する

（第2段階）

たとえば酸性条件や高温条件といったニッチ環境と比較して、「生きた植物」という環境の特徴は、植物の進化によってつねに状況が変化していくということです。植物に感染する微生物の進化の第2段階は、植物の抵抗性機構の発達に対する適応です。ここでのポイントは、それぞれの植物種はさまざまな方法で微生物を撃退しているという点です。第3章で詳しく紹介しましたが、たとえば、現存の植物は種によってじつに多様な構造の抗菌物質を作りますし（図5-6）、抗菌物質の生産をはじめとする抵抗反応を誘導するためのメカニズムも植物種によって異なります。このような状況だと、侵入能力を身につけた

微生物の多くはすべての植物に感染できるようになるわけではなく、特定の植物グループへの感染が得意なものが生き残っていくことになります。広範な植物種に感染できる多犯性の病原菌も知られていますが、そのような菌でもすべての植物に感染できるわけではありません。

植物の抵抗性の進化は、病原菌の感染によって植物の不利益が顕在化した場合に促進されることになるでしょう。植物の抵抗性が病原菌を効果的に排除した場合、腐生生活をあまり苦手としていない病原菌は、一時的に腐生菌に戻ることもできます。たとえば、フザリウム（*Fusarium oxysporum*）という菌の仲間は、土壌中にいるきわめてありふれた菌ですが、じつに100種以上の植物種に感染することが知られています。しかし、1つのフザリウム菌が多くの植物に感染できるわけではなく、たとえばトマトにだけ感染するもの、メロンにだけ感染できるもの、といった具合に、多くの場合は1つの系統が特定の植物種にしか感染できません。フザリウム菌は、腐生菌としての基盤をもっていながら植物病原菌として「素養」もあり、（おそらく偶発的に）植物へ感染するプラスαの能力を獲得した系統が、病原菌として現れてくるのでしょう。これらは、条件的腐生菌とか、条件的寄生菌とかよばれる状態です。

（第3段階）

フザリウム菌の例のように、植物に感染する微生物は、腐生菌と病原菌のはざまにいるものたちがほとんどです。腐生菌としての生活が苦手なものほど、病原菌としての能力を高める必要があったでしょう。一部の植物感染性の微生物は植物との関係をより進展させました。腐生生活を捨てて植物に感染することでしか生き残れない「絶対寄生菌」、植物と友好的な関係を築いた「共生菌」などがこれに当たります。以降、この2つのカテゴリーの菌たちについて、少し詳しく述べたいと思います。

5-2 絶対寄生菌の特殊な進化

絶対寄生菌は、適応能力の高いゲノムを維持することで生き残ってきた

究極の病原菌といってよいと思いますが、植物病原菌のなかには植物に感染しないと生育できない菌がいます。このような病原菌は特に「絶対寄生菌」とよばれています。もっとも身近な例は、序章などでも紹介しましたが「うどんこ病菌」です（図5-7）。うどんこ病菌を顕微鏡で見ると、機能美ともいえる美しい形をしています（図5-8）。特に、うどんこ病菌が作る**吸器**は高度に発達しており、植物細胞と接する表面積が多くとれるように細い管状の構造を多数形成して

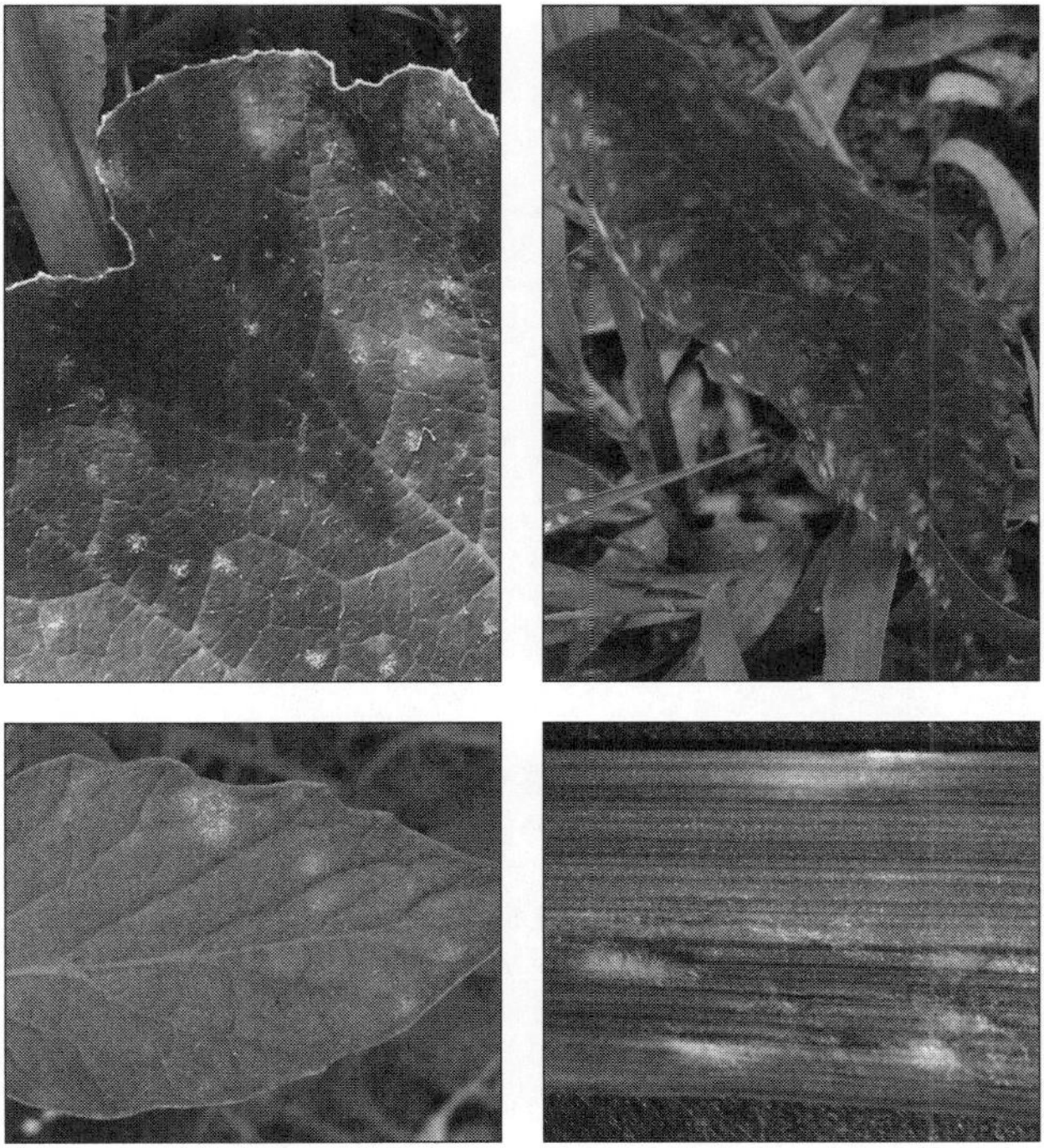

図5-7 さまざまな植物に見られるうどんこ病

カボチャうどんこ病（左上*Podosphaera xanthii*）、タンポポうどんこ病（右上*Podosphaera erigerontis-canadensis*）、トマトうどんこ病（左下*Pseudoidium neolycopersici*）、オオムギうどんこ病（右下*Blumeria graminis* f. sp. *hordei*）といった具合に、これらの植物に感染するうどんこ病菌はすべて別種である（写真左下、農研機構　今崎伊織博士提供）

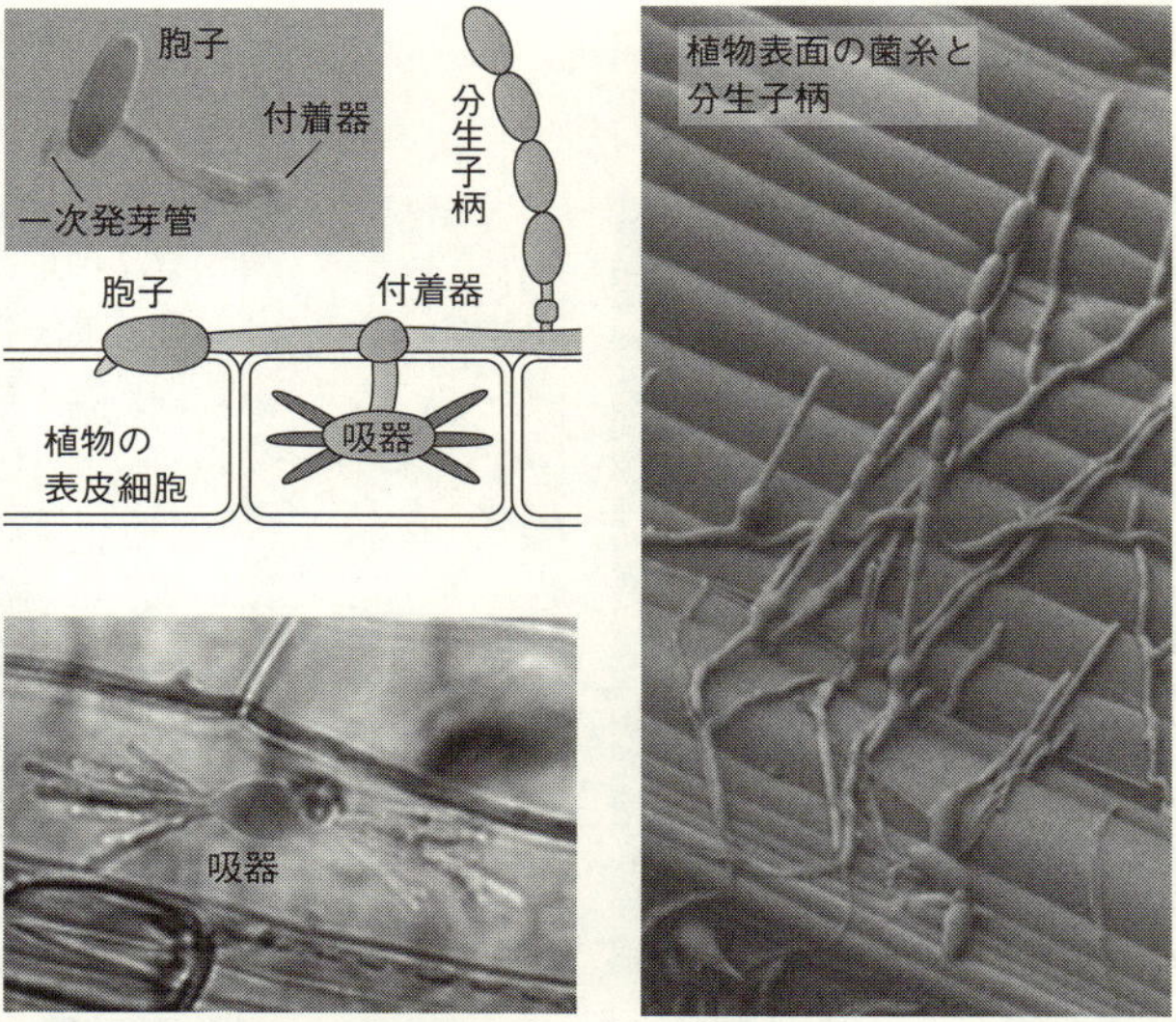

図5-8 オオムギうどんこ病菌の感染器官

オオムギうどんこ病菌は、楕円形の胞子から一次発芽管を形成した後、二次発芽管の先端に付着器を形成して植物の表皮細胞に侵入する。侵入した菌糸は入り組んだ形状の吸器を形成し、植物から栄養を摂取すると共にエフェクターによって植物の抵抗性を抑制する。植物表面を這うように伸展している菌糸から上方に伸びた分生子柄に多数の胞子を形成するため、肉眼では葉の表面が粉を吹いた状態に見える

います。うどんこ病菌は、吸器を植物細胞の内部で形成することでほかの微生物に栄養を横取りされない閉ざされた環境を作っており、植物の栄養を独占することに成功しています（図5-8）。

近年、ゲノム配列の解析から、うどんこ病菌がどのように進化してきたかが明らかになってきました。まず、うどんこ病菌は、ほかの真菌と比較して顕著に大きなゲノム

をもっていることがわかりました。たとえば、醤油やお酒を作るときに利用される麹カビのゲノムサイズが約37Mb（メガベース、1Mb＝100万塩基対）、本書でも何度か登場したイネの最重要病害であるイネいもち病菌が約40Mbなのに対して、うどんこ病菌は120〜220Mbと通常の約3〜6倍でした。ゲノムサイズが大きいということと矛盾するようですが、うどんこ病のゲノムのもう一つの大きな特徴は、ほとんどの真菌がもっている遺伝子を多数失っていることでした。たとえば、硝酸同化、チアミン（ビタミンB_1）合成、モリブドプテリン合成などに関わる遺伝子群が、うどんこ病菌のゲノムでは失われていました。チアミンやモリブドプテリンは、細菌から動物や植物まで、ほぼすべての生物にとって必須の物質（酵素の働きを助ける補因子）ですが、うどんこ病菌は生きた宿主植物からそれらを安定して得られる状況で、合成する必要がなくなったのでその能力を失ったのでしょう。しかし、これら生存に必須な遺伝子を失ったときから、うどんこ病菌の祖先は植物感染するという能力を維持する以外に生きていく術がなくなってしまったということになります。

この点は、うどんこ病菌のゲノムサイズが大きいことに関係してきます。うどんこ病菌のゲノムの肥大した部分のほとんどが、実はトランスポゾンやレトロトランスポゾンとよばれる転移因子であることがわかっています。転移因子はゲノム上を飛び回るDNA配列で、一般的に利己的な因子と考えられています。しかし、転移因子が多く含まれていると、子孫を残す際にゲノムが組み換わったり、同じ遺伝子の重複や改変が行われたりと、ゲノムの変化が活性化されやすくなります。つまり、子孫に異常が起こるリスクが高まると同時に、新しい能力を獲得した子孫が出現する可能性も上がるというわけです。

オオムギうどんこ病菌ではゲノムの約65％がこの転移因子でできており、植物の感染に使われるエフェクターと推定される約５００遺伝子は、ほとんどがこの転移因子で囲まれたゲノム領域にありました。このゲノム解析から、うどんこ病菌は植物から得られる物質を合成する能力を失ったかわりに、大きく不安定なゲノムをもつことで植物への感染力を進化させやすい、という特徴をもっていることが読み解けたのです。

複雑な生活環をもつ「さび病菌」はホストジャンプによって進化した

多くの場合、うどんこ病菌などの絶対寄生菌のほとんどは感染が可能な植物種あるいは属が限定されています。先述のように、うどんこ病菌は皆さんの周りの多くの植物に感染するきわめてありふれた病原菌ですが、たとえばオオムギに感染するうどんこ病菌は、タンポポに感染することはできませんし、その逆もまたしかりです。この感染できる植物グループが限定されていることとは、特に絶対寄生菌にとっては種を維持するという意味で非常に危険なことです。たとえば、タンポポうどんこ病菌の周りのタンポポがすべて枯れてしまったら、そのうどんこ病菌の系統は絶滅するかもしれません。普通に考えて、このような明確なリスクを抱えた種が生き延びてきたということはとても不思議なことにも思えます。

うどんこ病菌と並んで代表的な絶対寄生菌である「さび病菌」は、さらに危うそうなライフサイクル（生活環）をもっています。なにが危ういかというと、絶対寄生菌であることに加えて、多くのさび病菌は1年間で2種類の宿主植物を乗り換えて生活環を全うするのです。一例として、さび病の一種であるナシ赤星病菌の例を挙げると（図5-9）、この病原菌は春から夏にかけてナシ葉の裏に銹子毛（しゅうし）とよばれる毛のような構造を作ります。ここで作られる「さび胞子」は、針葉樹であるビャクシン類に感染し、冬場から初春に冬胞子堆という構造を形成します。ここで作られた冬胞子が発芽し、そこで作られた担子胞子という胞子が春の初めにナシに感染し、晩春には赤星とよばれる赤っぽい病斑を形成し、葉裏の銹糸毛にさび胞子を形成します。

このナシ赤星病菌の胞子の飛散による移動距離は1・5kmほどといわれており、2つの植物種が共に生息するような環境でないと、この病原菌は生き残れないということになります。実際に、ナシの産地である鳥取県、千葉県、埼玉県などでは条例等によりビャクシン属の植栽を規制しており、ナシ赤星病菌の発生を抑える効果が得られています。

このさび病菌のさまざまな種のゲノム解析の結果、さび病菌のゲノムサイズは種によって70〜890Mb（平均380Mb）と多様であるものの、多くがきわめて大きなゲノムをもつことが示

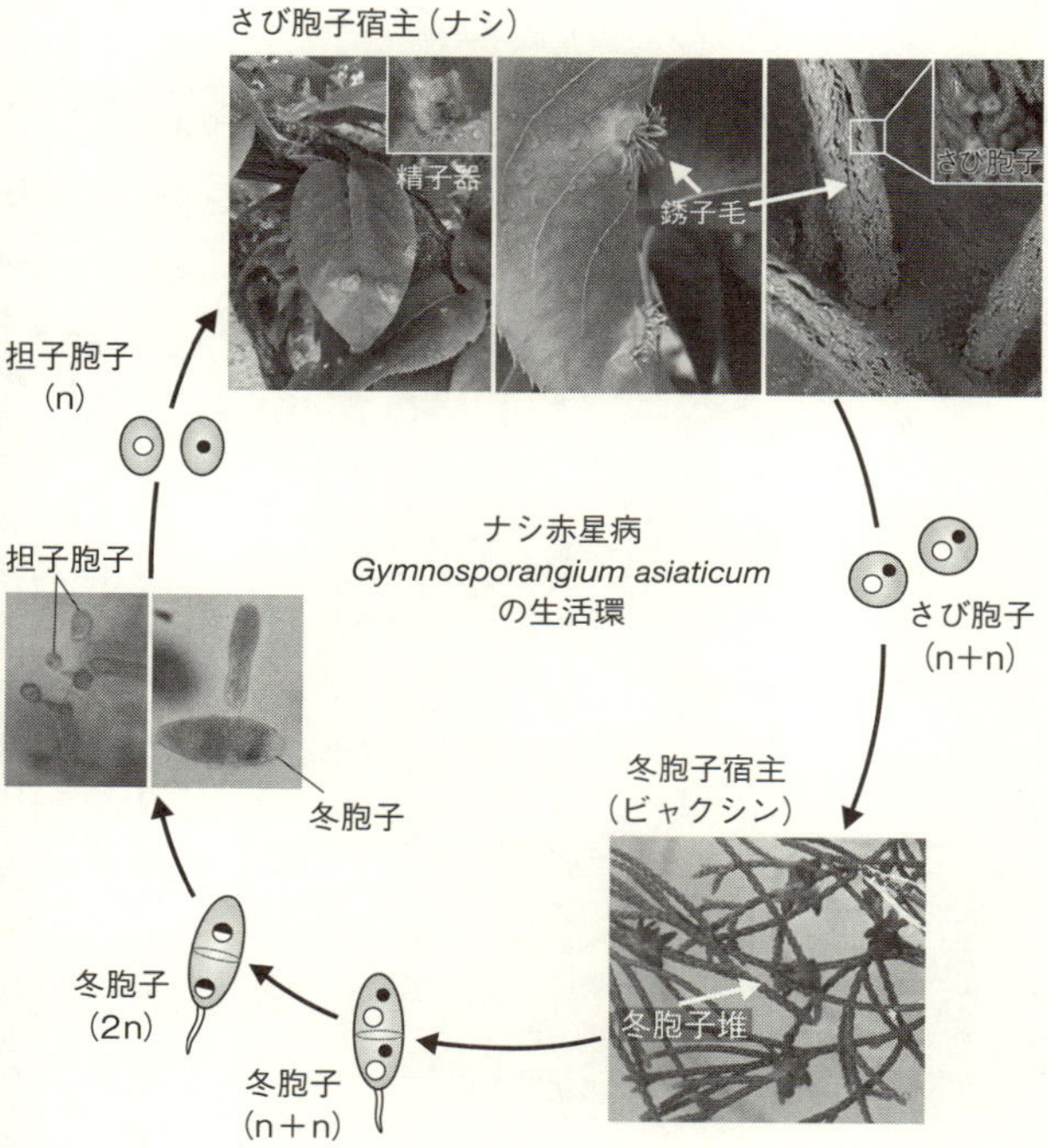

図5-9 ナシ赤星病菌の生活環

さび病菌の仲間の生活環は極めて複雑であり、多くのさび病菌は分類上関係のない2種の植物に感染することで生活環を全うする。多い種では、さまざまな核相の6種類もの異なる胞子を形成する。図中では、ゲノムを1セットもつ核（単相核）を黒丸または白丸で、2セットもつ核（複相核）を白と黒が合わさった丸で示している（写真右下、左下、島根大学木原淳一先生提供）

されました。さび病菌のゲノムにおいても、うどんこ病菌と同様に硝酸同化に関わる遺伝子群など真菌が共通してもつさまざまな生合成系の遺伝子が失われたり不活化したりしており、植物へ依存するうちにこれらの遺伝子を使わなくなっていったと推定されました。うどんこ病菌とさび病菌という2つの代表的な絶対寄生菌がともに、大きなゲノムにもかかわらず多数の遺伝子を失っているという特徴をもつのは興味深いことです。

さび病菌とその宿主植物が進化的にどのような関係か、「分子時計」を用いて調べられています。分子時計とは、機能的に重要ではないＤＮＡ配列などが一定速度でランダムに変化していると仮定し、生物種間で変化の類似性や変化量を比較して、種の類縁性や進化の時間を測定する方法です（図5-10）。

パデュー大学のエイム教授らは、分子時計を用いた解析により、さび病菌とその2種類の宿主植物（ナシ赤星病では、ナシとビャクシン）の系統進化を比較しました。その結果、さび病菌と2種類の宿主植物の関係は、それぞれ異なるメカニズムが主導した傾向があることを見いだしました。さび病菌の系統進化とさび胞子が作られる宿主（ナシ赤星病では、ナシ：図5-9）となる植物の系統進化を比較すると、近縁のさび病菌が近縁の植物種と感染する傾向にあることがわかりました。つまり、さび病菌とさび胞子宿主の関係は**共進化**によって長い間維持されているらしいということです。

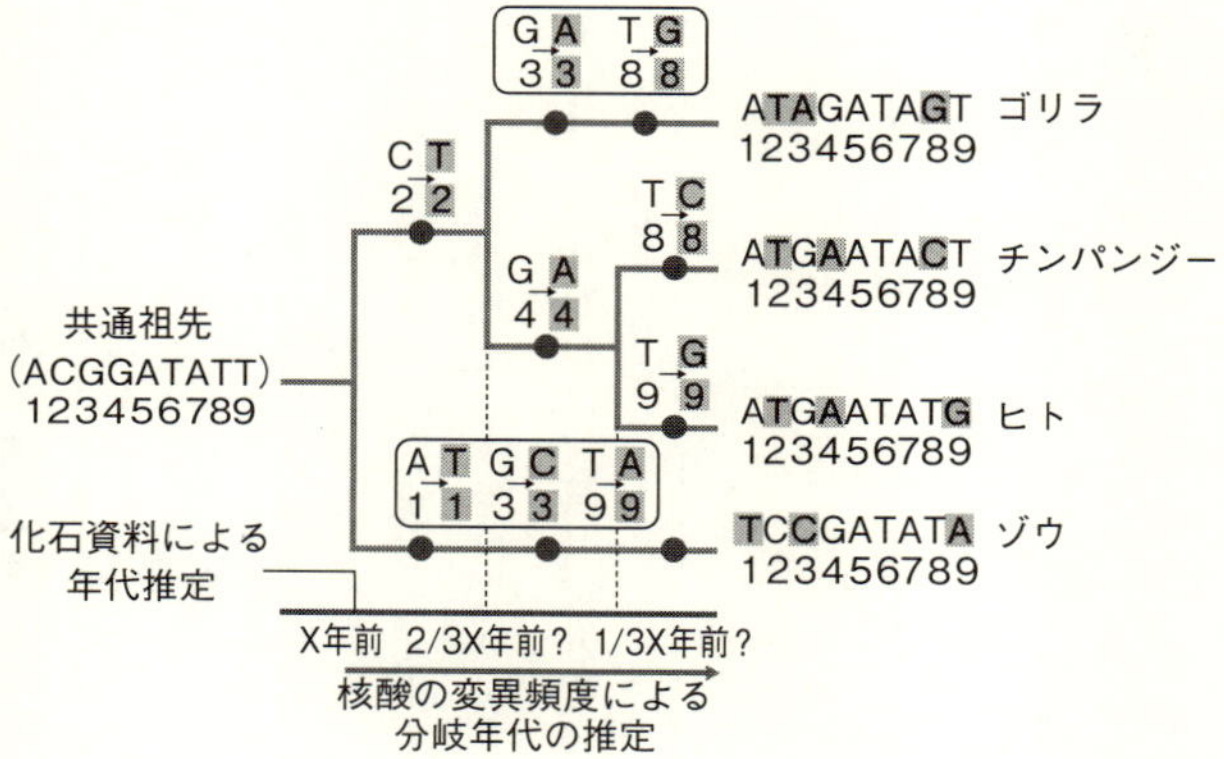

図5-10 分子時計の原理

共通祖先がもっていた遺伝子が、現在の生物種でどの程度類似しているかを調べることで、種間の類縁関係を推定することができる。また、化石資料によって種が分化した年代が明らかであれば、配列の変異が一定の頻度で発生すると仮定して、その他の種の分化した年代を類推することができる

一方、冬胞子が作られる宿主（ナシ赤星病では、ビャクシン：図5-9）の場合は、近縁のさび病菌が類縁性の低い植物種に感染する例が散見されました。つまり、さび胞子が類縁性の低い新しい宿主への乗り換え（**ホストジャンプ**）をすることで、さび病菌は感染できる植物の範囲を広げていったと推定されました。

図5-9に示しているように、ビャクシンに感染するさび胞子は、ナシに感染する担子胞子と比較してゲノムを2セットもっており、新しい宿主への感染をチャレンジするにはより都合の良いステージであると言えます。このように、さび病菌が2つの植物に感染

できるという生活環は、この菌の進化の守りと攻めの姿勢を体現しているのかもしれません。

さて、うどんこ病菌やさび病菌などの絶対寄生菌は普通の真菌のもっている重要な遺伝子を失って、植物上でしか生活できなくなったわけですが、この遺伝子欠損はこれらの菌にとって意味のあるイベントだったのでしょうか？　現在の説では、絶対寄生菌の硝酸同化などに関わる遺伝子群の欠損は、ランダムなイベント、つまり**遺伝的浮動**（genetic drift）によって起こったと考えられています。

遺伝的浮動は、その集団が小さいほど遺伝子の欠損が固定されやすくなります。あまりにもうまく植物に感染できてしまった原始的な絶対寄生菌の小集団において、腐生菌にとっては必要な遺伝子が、あってもなくてもどちらでもよい遺伝子として失われてしまったようです。

もしかしたら、使わない遺伝子がなくなることで多少のエネルギーの節約になったのかもしれません。しかしその結果として、絶対寄生菌の仲間はゲノムサイズを巨大化したり、多様なエフェクターを保持したりといった、長期的にも短期的にも植物に安定して感染するためのメカニズムを獲得する必要性が生じました。このような進化の過程における危機的状況が、絶対寄生菌の機能美ともいえる洗練された器官の発達を促す一因となったのでしょう。これは、人類でも過酷な環境に置かれたほうが、技術や文化が発達しやすいことと少し似ているのかもしれません。

5-3 植物と互助関係を築いた微生物たち

重篤な病徴を引き起こす病原菌がより有利なわけではない

名古屋大学農学部の入り口の石垣はツタで覆われています。毎年、春になると青々とした葉が石垣全面につき、新しい季節の訪れを感じさせてくれます。その葉の表面には、毎年必ず褐色の斑点が認められます。これはツタ褐色円斑病(まるはん)とよばれている真菌の感染によって発生する病気です(図5-11)。この褐色の斑点は、秋が来てツタの葉が枯れるまでは、大きくて直径1cmほどのままで、植物全体を枯らすことはありません。翌年には、同じようにツタは青々とした葉をつけ、褐色の斑点も観察されます。このようなツタと褐色円斑病菌の安定した関係は、植物が病気になっていると単純に捉えることができるのでしょうか?

そもそも病原菌が種を維持するために必要な条件はなんでしょう? 病原力がきわめて高いものは感染した宿主をすぐに殺してしまうため、効率良く繁殖することができないでしょう。たとえば、山奥に棲むクマの小集団で発症までの時間が短い強毒性ウイルスが蔓延した場合、その集団のすべてのクマが数日以内に感染によって死んでしまうと、そのウイルスはそれ以上は蔓延しない、というような状況です。植物病原菌にとっては、植物に感染して多くの子孫を残すことができれば成功であり、植物を徹底的に殺すような菌は、生命力が高そうなイメージはありますが、種を維持するという観点では必ずしも優秀な菌ではないでしょう。ツタ褐色円斑病の例のように、ツタの葉の90%以上を健全なままに維持して、小さな茶色の病斑の上で胞子を作ったほうが、病原菌にとっては安定的に繁殖ができるので都合が良いわけです。これを突き詰めれば、植物と共存して栄養を分けてもらう菌のほうが、生き残るためには有利であるとも考えられます。

図5-11　ツタ褐色円斑病

*Phyllosticta ampelicida*の感染によって発生する。詳しくみると、胞子を形成する器官が黒い小さな点として肉眼で確認することができる

植物と共存する微生物「エンドファイト」

植物組織の細胞間隙には、多数の微生物と接触のある根部はもちろんのこと、地上部の組織も多数の微生物が生息しており、総称して**エンドファイト**（endo＝内部、phyto＝植物からの造語）とよばれています。病原菌のように植物の生育に目に見えた影響を与えないものが多く、このような微生物群が植物とどのような関係を築いているかはほとんど明らかになっていません。植物の生育に悪影響を及ぼさない程度に、細胞間隙の養分を拝借するだけのエンドファイトが多数いると推測されますが、一方で植物を外敵から守ったり、空気中の窒素を用いて植物の肥料となる窒素化合物を作る窒素固定や植物ホルモンの産生によって植物の生育を促進する効果をもたらす真菌あるいは細菌のエンドファイトも見つかっています。このような植物に良い効果をもたらすエンドファイトを農業に活用しようという研究が世界中で行われています。

もっとも活用されているエンドファイトの一つに、イネ科の牧草・芝草に感染する真菌であるエピクロエ属（*Epichloë*）のエンドファイトがいます（図5-12）。エピクロエは、宿主植物の地上部組織の細胞間隙に感染しますが、ほとんどの場合は植物の生育には顕著な影響を与えません。害虫を撃退する活性があり、牧畜の盛んな米国やニュージーランドなどでエピクロエが感染した牧草が広く栽培されています。

エピクロエは、植物の地上部全身に感染してさまざまな物質を生産します。たとえば、植物を摂食する昆虫に対する忌避物質や病原菌の感染を抑制するような物質です。エピクロエの菌糸は宿主植物の花芽組織から種の中にまで伸展し、その種から育った植物に継続して感染することから、植物を守る活性が世代を超えて持続されます。このような関係が確立されると、この共同体を維持することが植物にとってもエピクロエにとっても有益なことであり、植物がエピクロエの

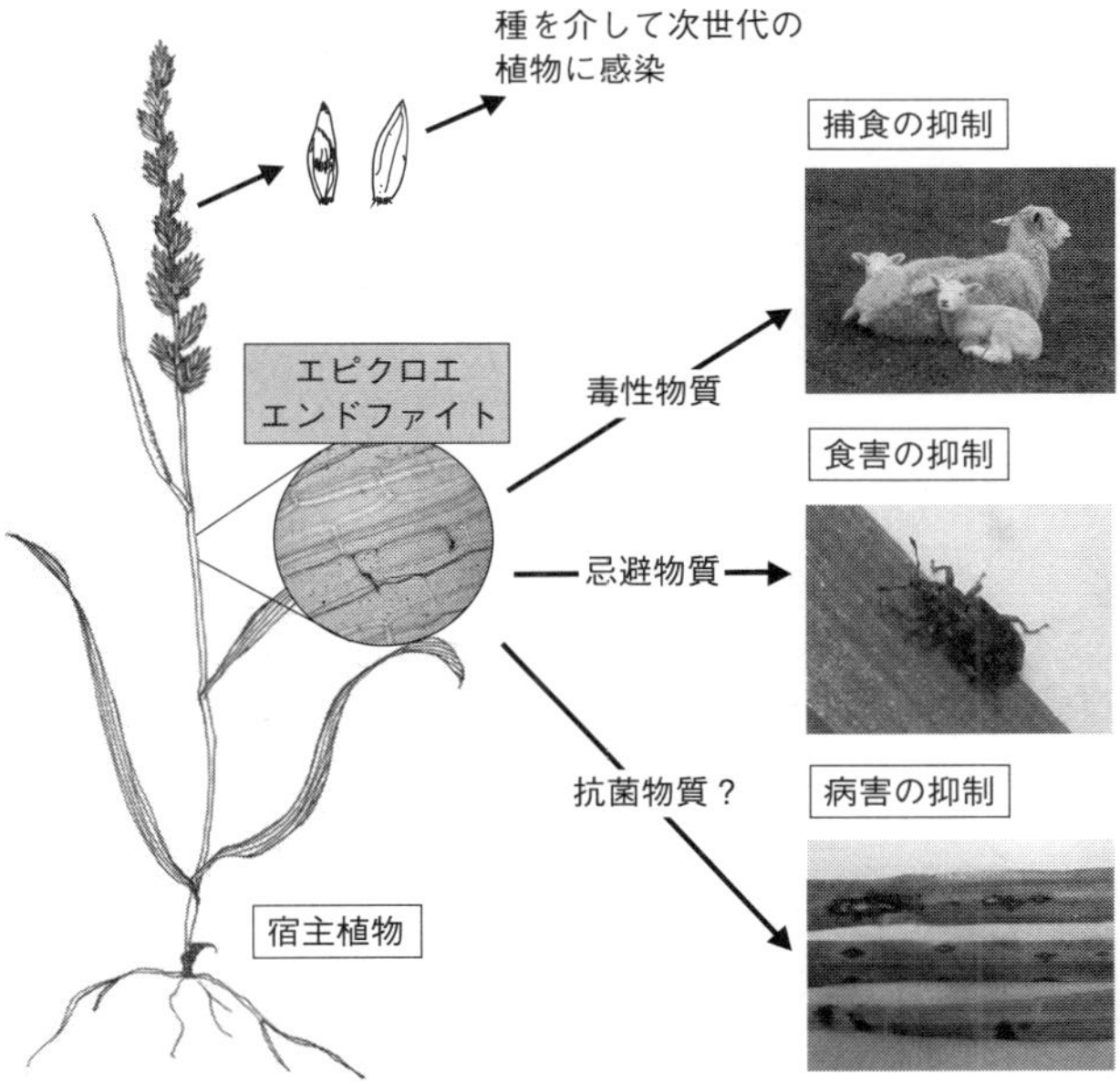

(図5-12) エピクロエエンドファイトと宿主植物の関係

エピクロエは植物の地上部に感染して植物を病害虫から守るさまざまな生理活性物質を産生する。当初、牧草を食べた家畜の中毒症状が問題となり、その原因菌として発見された。主に害虫の抑制に高い効果を示したことから、家畜中毒の原因物質を作らない菌株が広く利用されている。エピクロエは種を介して次世代の植物に感染することから、菌が感染した種子が販売されている

感染を排除する抵抗性を発揮するという進化は起こりづらくなります。言い換えれば、エピクロエに抵抗性を示すような植物の系統が現れても、エピクロエを維持している系統よりも生き残りにくくなります。

　エピクロエにとっても植物を

守る活性が高いほど生き残りやすくなるので、宿主植物に有益な新しい物質を生産するエピクロエの系統が出現すれば、宿主植物と共により繁栄するでしょう。共存する関係を確立するということは、相手の生き残る力を自分のものにするということです。このように、植物に感染する微生物にとって、植物に利益を与える能力を獲得するということは、種を安定して維持するための一つの合理的な答えであると考えられます。

共生菌は病原菌の一つの最終形態である

植物との共生関係をおそらくもっとも古い時代に築いたのが、真菌の仲間である**アーバスキュラー菌根菌**です。アーバスキュラー菌根菌は、90％以上の植物種の根に感染することが知られており、土壌中のリンなどの養分を植物に供給します。植物は自身の根が伸展できる範囲だけでは栄養が不足している場合にも、菌根菌が感染して菌糸のネットワークを広げることで、より効率的に土壌から栄養を得ることができるわけです（図5-13）。その代わりに菌根菌は植物から光合成産物である炭素化合物をもらっています。

菌根菌は、植物の根から分泌されるストリゴラクトンというカロテノイドを、受け入れる側の植物は菌根菌の作るMyc-LCOというリポキトオリゴ糖をそれぞれ認識して、協調して感染を確立します。アーバスキュラー菌根菌は植物にサービスを提供することで、植物がむしろ積極的に

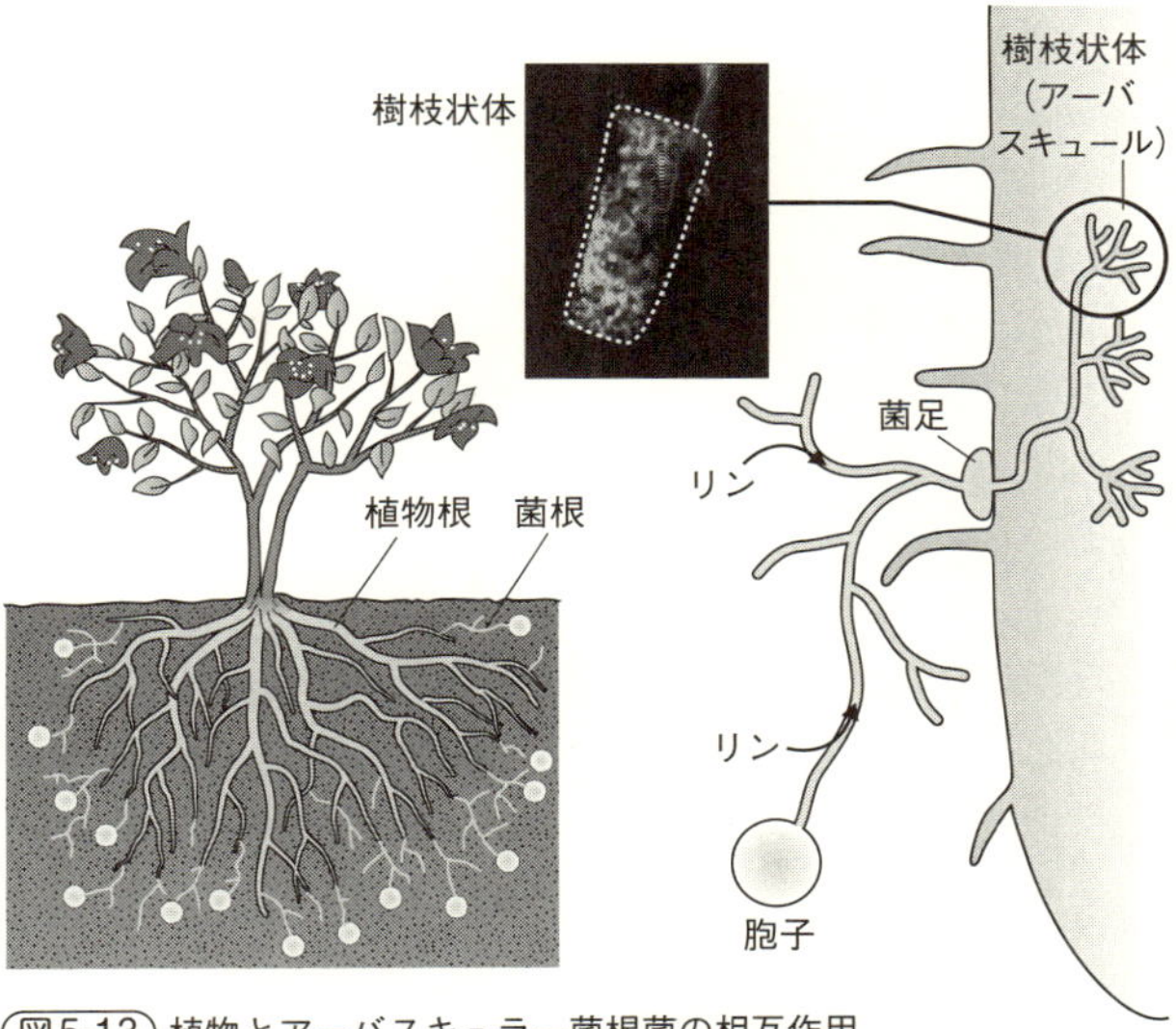

図5-13 植物とアーバスキュラー菌根菌の相互作用
菌根菌が感染することで、植物は根以上に広い範囲の、また細かいネットワークを用いて栄養の吸収を行うことができる

受け入れてくれるような関係を確立したわけです。菌根菌は根の細胞に**樹枝状体**（**アーバスキュール**）とよばれる器官を形成します。この器官はうどんこ病菌の吸器以上に高度に枝分かれしていて、植物細胞と接する面積が増えるような構造をしています（図5-13）。

　アーバスキュラー菌根菌は、真菌の中では比較的古い時代に現れたグロムス門に分類される原始的な菌で、分子時計の解析によると、5億年前ごろにほかの菌類から分岐したと推定されています（図5-14）。

　4億年前の化石からアーバスキュラー菌根菌の祖先が植物細胞に感染して

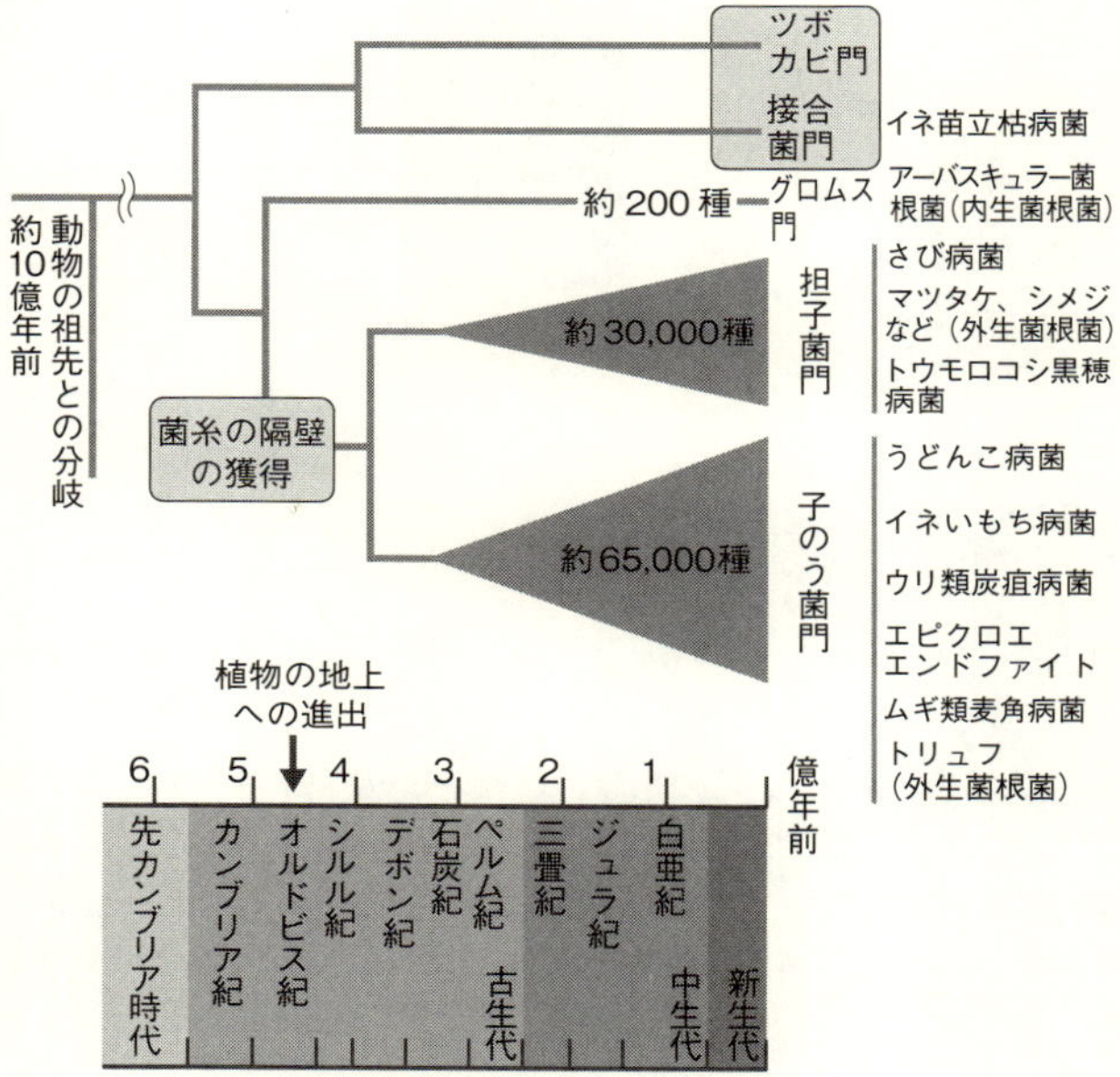

図5-14 真菌の系統進化

以前は子のう菌門、担子菌門、ツボカビ門および接合菌門に分類されていた菌類は、分子系統学的な解析で再整理が行われている

いる様子が観察されており、すでに複雑に枝分かれした樹枝状体様の構造が見てとれます（図5-15）。このことは、アーバスキュラー菌根菌は太古の昔から現在と似たような植物との共生関係を維持してきたことを示唆しています。4億〜5億年前という時代は、ちょうど植物が地上に進出した時期であることから、アーバスキュラー菌根菌との共生が植物の地上への進出を促進したのでは

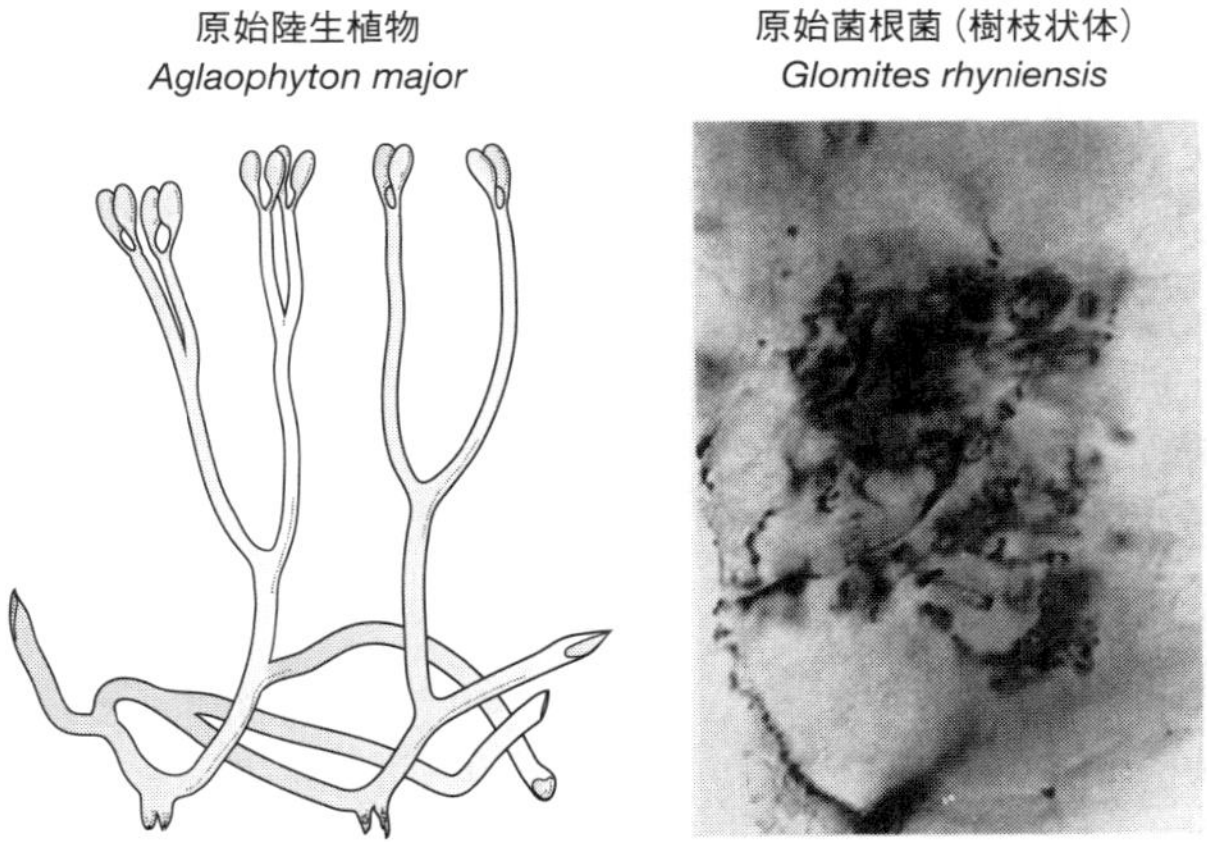

図5-15

化石から見出された原始植物に感染するアーバスキュラー菌根菌

原始的な陸生植物*Aglaophyton major*は発達した根がなく、原始菌根菌*Glomites rhyniensis*の感染は茎の表層で観察される。すでに極めて発達した樹枝状体が観察できる（Taylor *et al.*,1995）

ないかともいわれています。アーバスキュラー菌根菌が、比較的古い姿を維持しているように見えるのは、植物との友好な共生関係を確立したことで、このグループの菌が安定して生き残ることができたということの証左なのかもしれません。

近年、アーバスキュラー菌根菌が属するグロムス門とは類縁性が低く、多数の病原菌を含む真菌のグループである子のう菌門や担子菌門から（図5-14）、リンを植物に供給している菌が見つかっています。たとえば、子のう菌であるウリ類炭疽病菌（*Colletotrichum orbiculare*、第2章参照）の近縁種である*Colletotrichum* *tofieldiae*や、担子菌である*Piriformospora indica*が、菌根菌ほどの高度な感染構造は作らないものの植物根の細胞間隙に感染し、栄養条件の悪い土壌で育つ植物のリンの吸収を助けていることが示されています。また、マツタケ、ホンシメジ（担子菌）やトリュフ（子のう菌）などを含む多くのキノコは、地下部では樹木の根部の表層に感染して養分や水分の吸収を助けており、**外生**

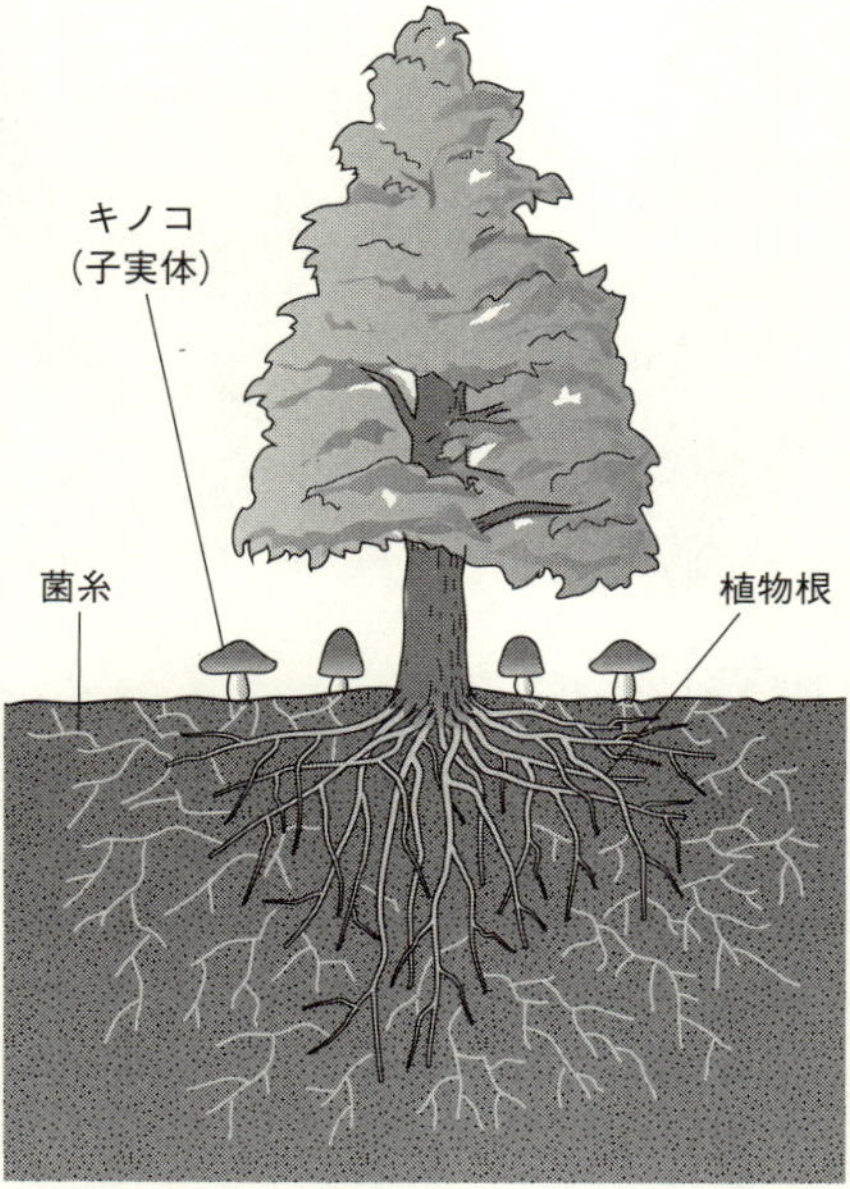

図5-16 外生菌根菌であるキノコの仲間と樹木の共生

アーバスキュラー菌根菌と同様に、外生菌根菌は樹木の根でカバーしきれない領域から養分を吸収するのを助けている。この菌糸は樹木どうしをつないでネットワークを形成する役割があることもわかっている

菌根菌とよばれています（図5-16）。このように菌類の進化と分化の過程のさまざまな段階で、植物を助けるメカニズムを獲得した菌が出現しているということは、植物と共生関係をもつという進化が植物感染性の微生物の種の存続に有利に働くことを示唆しているといえるでしょう。

5-4 植物に関わる微生物のダイナミックな進化機構

遺伝子の水平伝播が病原菌や共生菌の進化を促してきた

うどんこ病菌やさび病菌の多くが転移因子に富んだサイズの大きいゲノムをもっており、これらの菌は自身のゲノムを積極的に再編集することで、新しい宿主植物へ感染できるような有望な子孫を残す可能性を高めていたらしいことを述べました。同種内の親から子孫への縦の関係での遺伝子の受け渡しは、「垂直伝播」とよばれます。

一方で、生殖を行うことがない異なる種と種の間で遺伝子が受け渡される現象が以前から知られています。このような遺伝子の伝わり方は「水平伝播」とよばれています。本書でも、糸状菌の毒素合成遺伝子が水平伝播していることを第2章で紹介しましたが、細菌の種間ではかなり一般的に起こっている現象として知られており、たとえば重要な植物病原細菌の一つであるナス科植物青枯病菌（*Ralstonia solanacearum*）のゲノムは、全体の約13％の遺伝子がほかの細菌種に由来することが示されています。この中には、宿主植物への毒素やエフェクターの輸送に関与するⅣ型分泌装置の構成因子をコードする*pilA*遺伝子や毒性物質の排出に関与すると推定される*mexC*遺伝子など、病原性に関与する因子が含まれていました。この例に限らず、ほとんどすべての細菌のゲノムは比較的大規模な遺伝子の水平伝播を経て形成されており、その多様性を生み出す原動力になっていると考えられています。

遺伝子の水平伝播は、共生細菌の成立にも中心的な役割を担っていたことが示されています。根に共生する代表的な細菌として、マメ科植物に感染する根粒菌がいます。根粒菌は、植物の根にコブ状の構造を形成し、大気中の窒素をアンモニア態窒素に変換して、宿主へと供給しています。マメ科植物と根粒菌の共生関係が確立したのは約7000万年前と推定されていますが、マメ科植物に根粒を形成する細菌は、進化的に遠縁の多数の種が含まれています。このことから、根粒形成に必須な遺伝子群は、さまざまな細菌系統から水平伝播によって伝わったと推定されています。

フランス国立農業研究所のマッソン-ボイビンらは、病原菌から根粒菌への進化の一部を実験

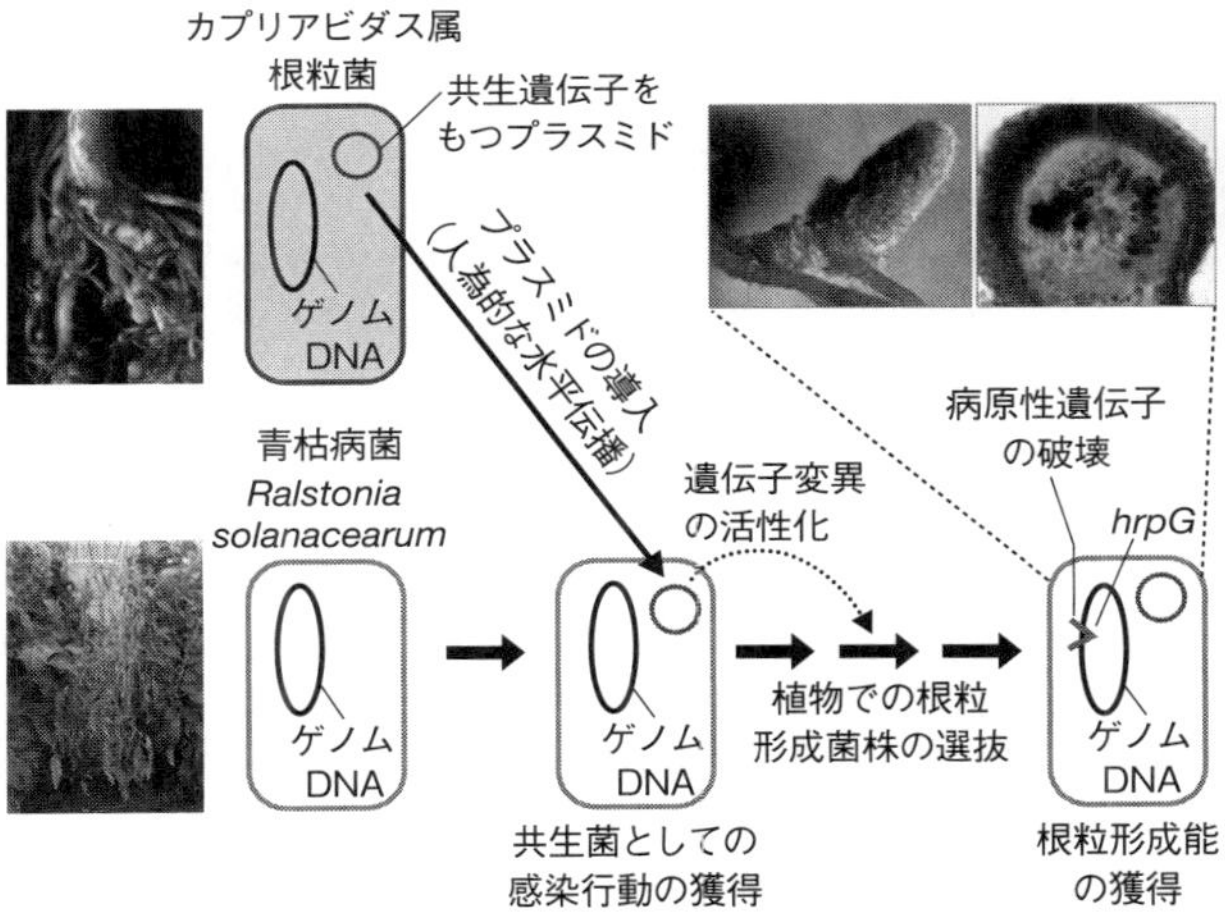

図5-17　青枯病菌による根粒の形成

オジギソウに根粒を形成して窒素固定を行う根粒菌（*Cupriavidus taiwanensis*）の根粒形成遺伝子をもつプラスミドDNAを青枯病菌に移してやると、根粒菌と類似した植物根内でのコロニー形成を行った。さらに青枯病菌の病原性の制御因子である*hrpG*の機能が失われることで根粒形成が認められた。しかし、この青枯病菌の形成した根粒には窒素固定活性は認められない。この共生遺伝子群をもつプラスミドは、エラーを起こしやすいDNA複製酵素を併せもっており、受け取った細菌ゲノムの変異を活性化する役割をもつこともわかっている

室で再現することに成功しました（図5-17）。

まず、オジギソウに感染するカプリアビダス属の根粒菌から、共生に必要な遺伝子をもっているプラスミドを取り出し、病原菌であるナス科植物青枯病菌に導入しました。すると、青枯病菌は根粒菌と類似したメカニズムで植物根へ侵入を試みるようになりました。しかし、この時点では根粒の形成は認められませんでした。この共生プラ

スミドをもつ青枯病菌の植物への接種実験を繰り返したところ、根粒を形成する系統が自然発生しました。

その根粒を形成する系統のゲノム配列を解析したところ、もともとの青枯病菌が病気を引き起こす際に中心的な役割を担う*hrpG*という遺伝子が破壊されていました。つまり、病原菌としての活性を失うことで、この青枯病菌は根粒を形成できるようになったのです。この実験結果は、遺伝子の水平伝播によって受け取った側がその形質を獲得するには、①遺伝子の移行、②受け取った微生物の変化による移行遺伝子の有効化、という2つの段階があることを示しています。

細菌のような構造的に単純な生き物と比べて、真核生物の遺伝子の水平伝播は比較的まれなケースであるとかつては考えられていました。しかし、近年のゲノム配列情報の充実と網羅的な解析により、真核生物でも遺伝子の水平伝播がかなり頻繁に行われ、その進化に重要な役割を担っていることがわかってきています。

菌類60種の全ゲノム配列と約600種の原核生物（細菌および古細菌）の配列を比較したところ、53の菌種から細菌由来と推定される遺伝子が713も見つかりました。その解析では、灰色かび病菌やコムギふ枯病菌などが、病原性細菌であるシュードモナス菌（*Pseudomonas syringae*）から病原性に関わるカタラーゼ遺伝子を獲得していることが見つかっています。

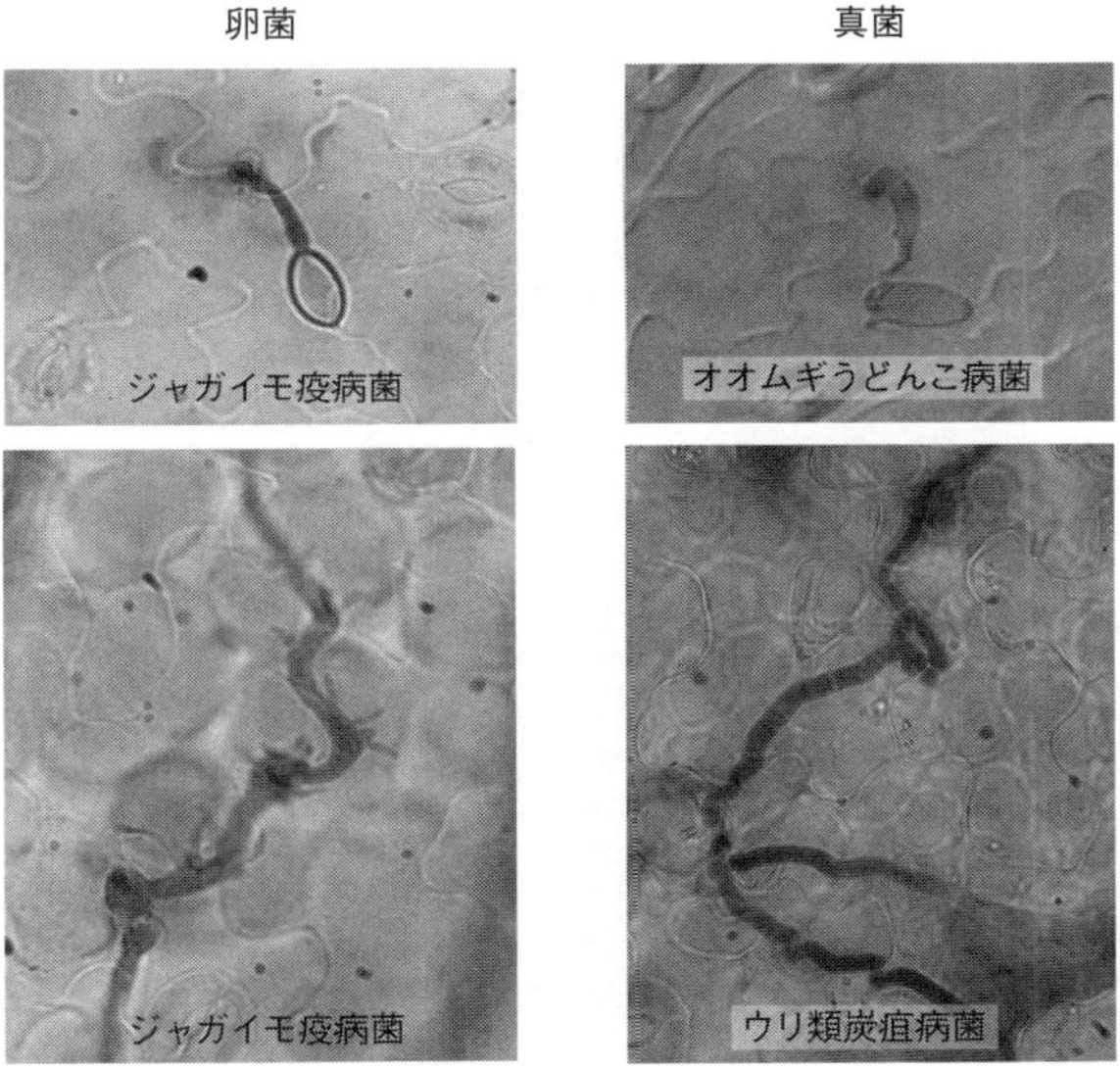

図5-18　植物病原性卵菌と糸状菌の類似性

　また真核生物どうしでの遺伝子水平伝播の例も数多く見つかっています。ジャガイモ疫病菌は、細長い細胞をもち、付着器を介して植物に侵入して吸器を形成し、エフェクターで植物の抵抗性を抑制しながら生きた細胞から栄養を獲得します。この感染のプロセスは真菌の病原菌ときわめて類似していますが（図5-18）、ジャガイモ疫病菌は卵菌というグループに属しており、序章でも紹介しましたが、進化的には真菌と卵菌は、植物と動物ぐらい離れた生物群です（図5-2参照）。たとえば鳥とコウモリの翼のように、異なる生物群が同様の機能をもつ器官を進化させることを収斂進化といいますが、この卵菌と真菌の感染器官の類似性は、おそらくもっとも遠い生物グループ間の収斂進化の例と考えることができます。

しかし、この2つの遠く離れた生物群の収斂進化が、実は無関係に成立したわけではなかった、つまり遺伝子水平伝播が関わっていたらしいことも明らかになってきました。ジャガイモ疫病菌のほかに、世界中で問題になっている樹木の病気であるサドンオークデス病菌、ダイズ茎疫病菌、シロイヌナズナべと病菌という4つの卵菌のゲノムを解析したところ、少なくとも20の遺伝子が真菌から植物病原性の卵菌に受け渡されたらしいことがわかりました（図5-19）。それらの遺伝子は、植物の細胞壁成分であるリグニンやヘミセルロースなどの分解酵素群、栄養吸収のためのトランスポーターなど、真菌の病原性に関連する遺伝子が多数含まれていました。これら卵菌に伝播した遺伝子の多くは、卵菌に移行した後にその数が増加しており、卵菌における病原性の進化に重要な意味をもっていた可能性が高いと考えられます。

このように、ある病原菌がランダムな変異などで「発明」した病原性の因子が、生物グループの垣根を越えて、広く利用されることがあるようです。真核生物間の遺伝子の水平伝播は、真菌の異なる病原菌種の間や、例は少ないものの真菌と植物の間でも見つかっており、ヒトのゲノム中にも水平伝播で微生物から獲得された可能性が高い遺伝子が見いだされています。

垂直伝播による親から子への遺伝を介した種の進化は、親までの世代が生き抜いてきた情報を

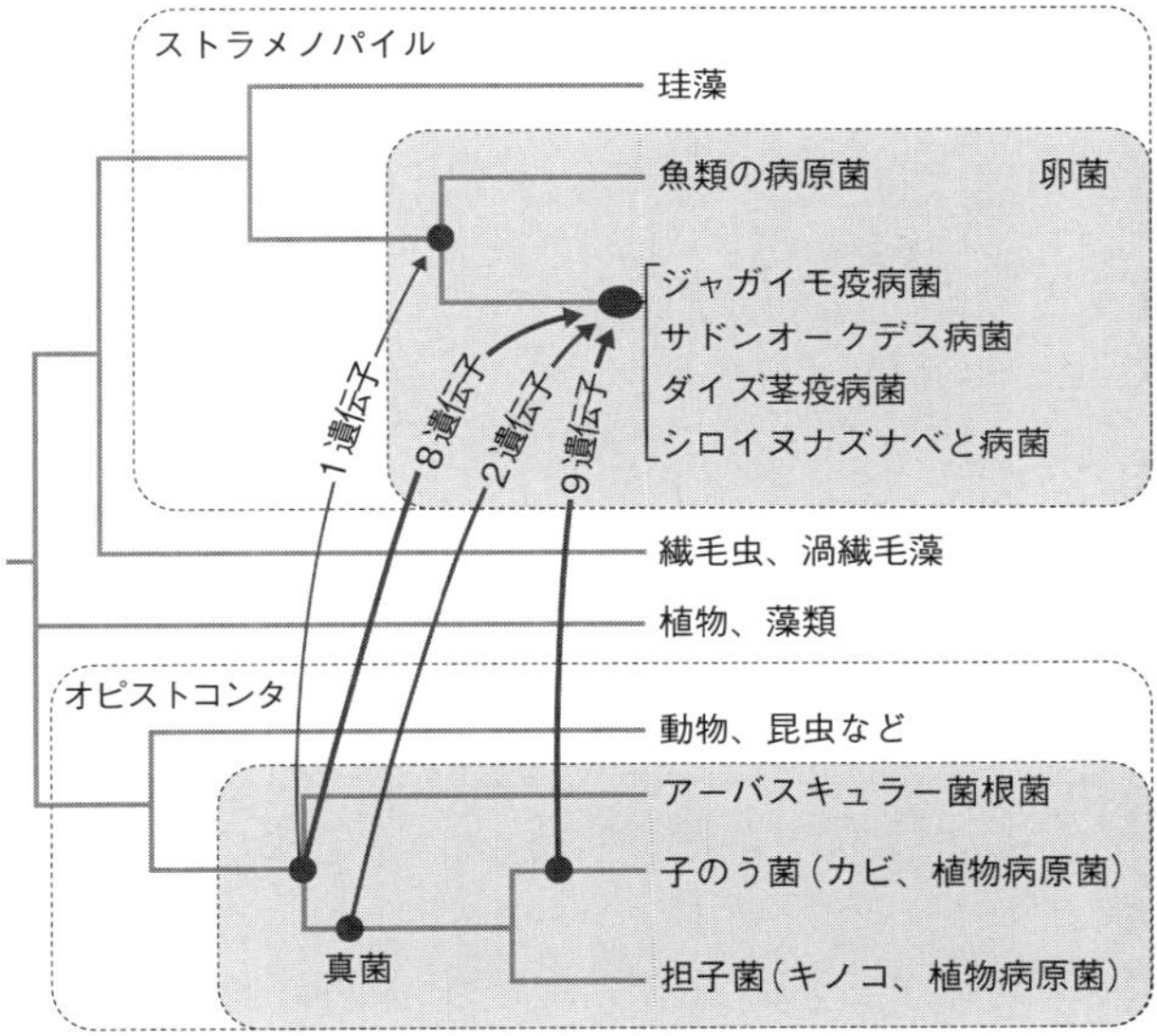

図5-19 真菌から植物病原性卵菌への遺伝子の水平伝播

Richards *et al.*,2011の解析結果から、図に示した4種の卵菌は、水平伝播によって少なくとも20種の真菌の遺伝子を獲得したことが示された。矢印の起点は真菌がその遺伝子を獲得した時期を、終点は卵菌にその遺伝子が伝播された時期を示している

守りながらそこに少しずつ変化を加えるという手法であり、堅実ではあるものの急速な性質の変化は生み出されづらいともいえます。

一方で、水平伝播による遺伝子の獲得は、その種にとって有害か無益である可能性が高い一方で、環境への適応能力を画期的に改善する博打的な要素をもっています。もともと、膨大な数の子孫を残してごく一部が生き残るという繁殖法をとっている微生物には、お誂え向きの戦略でしょう。

このような、ある微生物から違う種の微生物への遺伝子の伝播は具体的にはどのようにして起こったのでしょう? 進化の歴史はその現場に立ち会うことが不可能なので完全に証明することはできませんが、たとえば分子生物学を研究している実験室では外来DNAを細菌や菌類に導入するという実験は比較的簡単に行うことができます。前述の青枯病菌の例もそうですが、これは人工的な遺伝子の水平伝播です。同じようなことが、自然界で起こり得るでしょうか? たとえば病原菌の感染によって弱った植物組織では、病原菌以外の微生物の二次的な感染が起こります。その結果できた腐敗組織には、死んだ病原菌のゲノムDNAはたくさん転がっているでしょうし、もしかしたらそこに組織の表面が傷ついた微生物がいるかもしれません。そのような状況が地球規模で数億年にわたって繰り返し起きていたことを想像すれば、むしろ他種微生物のDNAが、細胞に取り込まれることが起きないほうが不思議でしょう。もちろん、それらがすべて水平伝播につながるわけではないでしょうが、100万回に一回しか起こらなくても、生物進化が起こるには十分な頻度のようにも思えます。

自然界における病原菌と植物の関わりは集団と集団の関係である

山登りなどをしていて、さまざまな雑草が生えている草原をよく目を凝らして見ると、さまざ

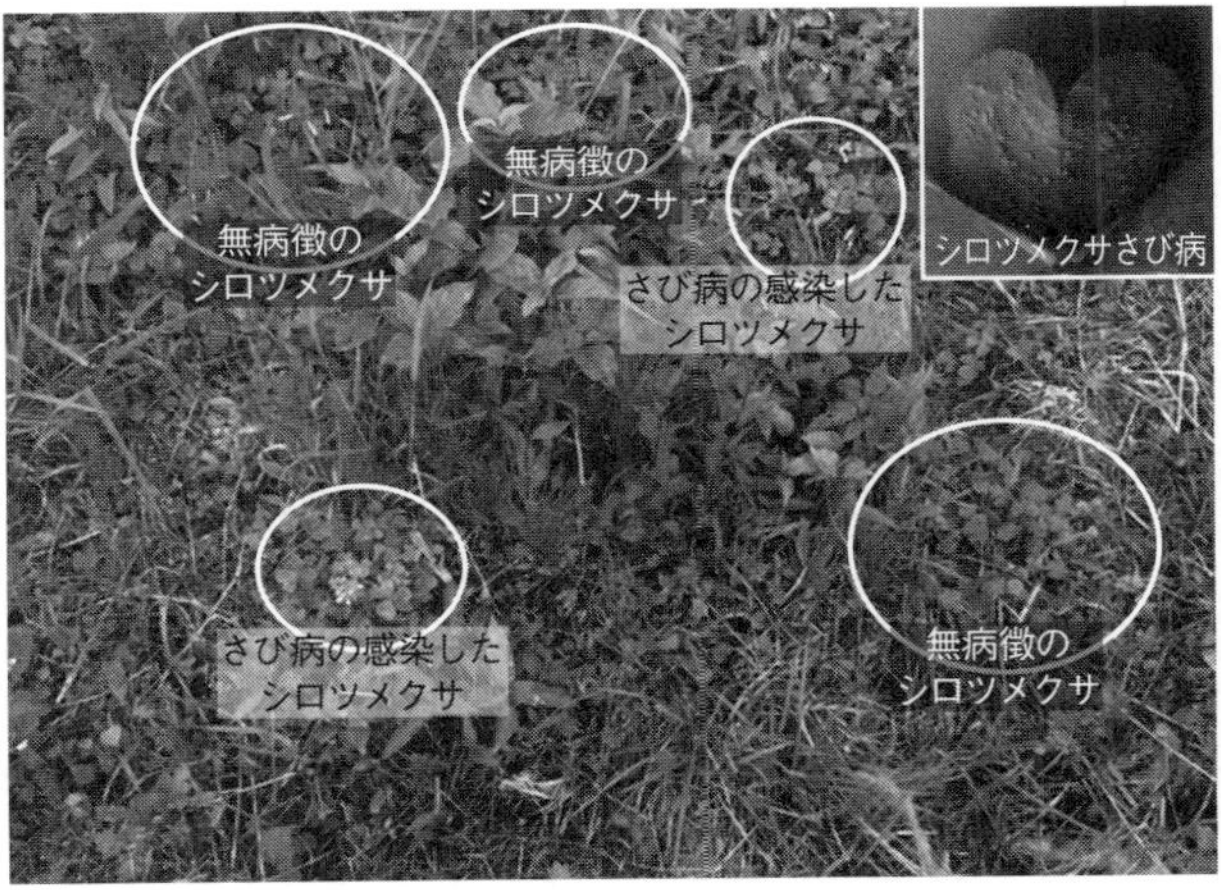

図5-20　シロツメクサの群集とさび病の感染

シロツメクサさび病（*Uromyces trifolii-repentis*）に感染した群落と無病徴の群落が混在している。小群落内の植物の遺伝的な違いによってばらつきが認められるかもしれないが、偶然である可能性も否定できない

まな病気に感染している植物を見つけることができます。しかし、たとえばさび病に感染している植物を見つけても、感染しているのは草原の一角の一群の植物だけで、周りに同種の植物が一面に生育していても、草原全体がさび病だらけになっているという状況はほとんど見たことがありません（図5-20）。これは、ある病原菌種と植物種の間での病原性と抵抗性の戦いは、一個体と一個体の関係ではなく、集団と集団の関係であるためです。それぞれが多様な性質をもつ集団であれば、病原菌の集団の一部が植物の集団の一部に感染するという関係になります。このような関係の行き着く先がどうなる

のか考えてみましょう。

極端な例として、植物集団のなかに、病原菌集団すべてを排除できるような抵抗性機構を獲得したものが現れた場合、絶対寄生菌ではない菌は腐生的な生活に戻るでしょう。一方、病原菌集団のなかに、植物集団すべてを枯死させてしまうような病原力の強いものが現れれば、宿主植物の減少に伴って病原菌は感染機会が減少し、やはり腐生的な生活に戻ることになります。

病原菌が腐生的生活に戻った場合、ほかの腐生菌との競合が苦手な微生物種ほど、その病原菌はほかの植物系統への感染（ホストジャンプ）のような別の方法に活路を見いだすでしょうから、その最右翼である絶対寄生菌がゲノムの巨大化と不安定さを獲得して多様性を生み出す性質をもっているのは（そのような絶対寄生菌しか生き残れなかったのは）当然の結果であるといえます。

こう考えると、自然界で病徴が顕在化しているような病原菌には3つのパターンが想定されます。①局部的に感染するなど植物の繁殖を極端に脅かさないもの、②植物集団の抵抗性に対して病原菌集団の病原性のバランスがとれているもの、③一過的に病原菌となり、いずれ腐生菌に戻る過程にあるもの、です。

つまり、植物種に壊滅的な被害を及ぼすような病原菌の発生は、自然界では一過的あるいはまれなケースであると推定されます。

ヒトの活動が植物と微生物の関係に新しい展開をもち込んでいる

自然状態では多様な性質をもつ集団であるはずの植物が均質な集団として現れれば、病原菌が感染した時の被害は顕在化しやすくなります。その典型例が農業の現場です。日本の農業生産の現場では、農薬を用いた病害虫防除がきちんと行われているため、圃場全体が壊滅的な被害を受けるという例はかなりまれです。しかし、ある作物に急に特定の病原菌が大流行する例が多々ありますし、農薬による防除を用いない圃場では、病原菌が感染すると瞬く間に病害が蔓延します。

図5-21　ジャガイモ疫病とジャガイモ夏疫病が蔓延した圃場

図5-21は試験的に農薬を使わずに栽培されたジャガイモの圃場を観察したときの写真ですが、ジャガイモ疫病菌とジャガイモ夏疫病菌という2種類の病原菌が蔓延しており、圃場全体のジャガイモ地上部がほぼ枯れ上がった状態になっていました。ジャガイモ疫病菌は、序章で詳しく紹介していますが、19世紀にヨーロッパ（特にアイルランド）で壊滅的な被害を起こしたジャ

ガイモ飢饉の原因菌として知られています。特にジャガイモ飢饉の影響が大きかったアイルランドでは、「Irish Lumper」という単一品種が広く栽培されたために瞬く間に病気が蔓延しました。自然界では多様性をもつ集団である植物種と微生物種のバランスの取れた関係が熟成されていくのに対して、特定の品種が広い面積に一様に育てられているという農業現場は自然のなかでは特殊な状態であり、病原性を獲得した微生物を育てるような役割さえ担っているかもしれません。圃場における病害の大発生は、ヒトが発明した農業という営みに付随してきた必然であると言えます。

ヒトの物流の進歩によって新たに発生した病害も数多く知られています。ヒトの病気では、大航海時代以降にヨーロッパからアメリカ大陸への白人の植民が進み、同時にもち込まれた天然痘が、免疫のなかった北米大陸の先住民に甚大な被害をもたらしたことが有名です。植物病害では、米国のクリ類に壊滅的な被害をもたらしたクリ胴枯病菌の例が挙げられます。クリ胴枯病菌は、クリの品種改良のためもち込まれたアジア産（おそらく日本産）のクリと共にアメリカ大陸に伝播したと考えられており、１９００年代の初めには40億本あったアメリカグリがこの病原菌にきわめて弱かったため、数十年間のうちに数百本にまでなってしまったといわれています。

オーストラリアでは、外部から伝播したさび病菌がたいへんな問題になっています。オーストラリア大陸は、１億～２億年前の大陸移動が活発だった時期にゴンドワナ大陸から分離し、世界のほかの地域とは隔離されていました。そのため、よく知られているように有袋類のコアラやカンガルーなどをはじめ、世界のほかの地域と比較して独特な生態系をもっています。植物についても、オーストラリアに特異的な種が80％近くを占めるというかなり独特な植物相をもっています。オーストラリアではユーカリを含むフトモモ科の樹木が自然林における優先樹種の一つであり、外部からの樹木の病原菌の流入はかねてから懸念されていました。

２０１０年にオーストラリア東部で、オーストラリア固有種の樹木3種に中南米由来のさび病菌（*Puccinia psidii*）が感染している例が報告され、周辺地域へ感染が広がっています。試験的にオーストラリア固有の１２２のフトモモ科の代表的な種にこのさび病菌を接種したところ、１１１種で感染と胞子形成が認められました。２０１６年までにじつに３５０植物種への感染が確認されており、オーストラリアの植物群、ひいては生態系全体にきわめて重大な影響を与えるのではと懸念されています。少し皮肉なことに、米国のフロリダのエバーグレーズ国立公園では、外来のフトモモ科植物であるニアウリの蔓延が問題になっており、同じさび病菌がニアウリを駆除するための有用微生物として注目されています。

動物や昆虫などが媒介してほかの生物が繁殖する範囲を広げるということは自然界では普通に行われていることであり、ヒトの活動による病原菌の移動はその延長線上の出来事でしょう。しかし、これまでに地球上をこれほど縦横無尽に移動できた生物が現れたことはありませんでしたから、ヒトの活動が地理的に隔離されていた植物と微生物の遭遇という不測の事態を至る所で引き起こしていることは間違いないでしょう。

微生物による植物への寄生と共生は明確に区別できない連続した関係である

共生（symbiosis）という言葉を定義したのは、ジャガイモ疫病の原因菌を発見し、さび病が宿主交代をすることを明らかにしたことで有名なドイツの植物病理学者アントン・ド・バリーです。彼は、「異なる生物が共に生活する」というすべての現象について共生という言葉を使い、そこには植物と寄生する病原菌の関係も含まれていました。日本語の「共生」という言葉は、一般的には共に利益を与え合う関係（専門的には相利共生）のことを指し、すでに本書でも使っているように共生菌とは植物に利益を与える菌のことですが、ではヒトのものさしで病原菌と共生菌を明確に区別することができるのでしょうか？

中世ヨーロッパにおいて、ムギ類に感染して中毒を起こす麦角（ばっかく）病菌という病原菌が問題になりました。この菌は、黒い角状の構造（麦角）を穂に作り（図5-22）、エルゴタミンという毒素を蓄積させるため、麦角が混入しているムギでパンを作ってヒトが食すると、中毒症状を引き起こします。この麦角中毒で、10世紀のフランスでは約4万人が亡くなったと記録されています。

エルゴバリン（エピクロエ）

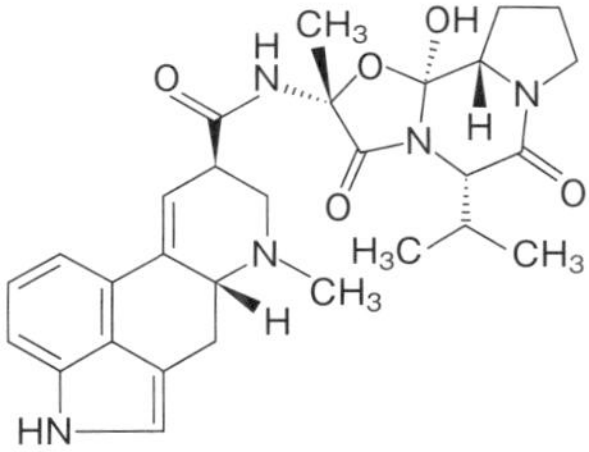

エルゴタミン（麦角病菌）

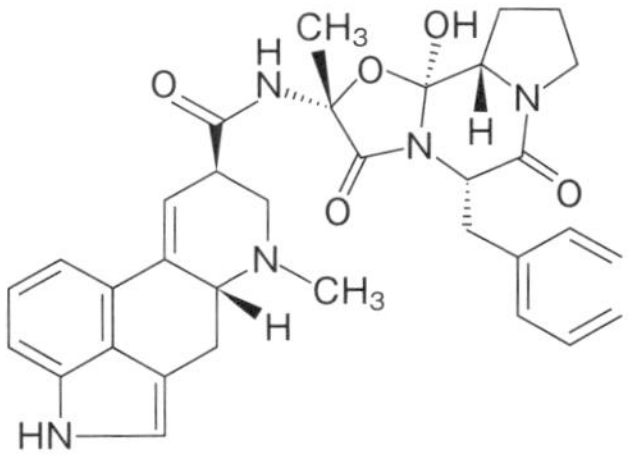

（図5-22）エピクロエ属エンドファイトおよび麦角病菌が生産する毒性物質（マイコトキシン）

エピクロエ属エンドファイトおよび麦角病菌はともに、子のう菌門麦角菌科に属する近縁種であり、エルゴバリンおよびエルゴタミンという動物に毒性を示すアルカロイドを産生する。写真は、エンドファイトの形成する子実体stromata（上）と麦角病菌の菌核（下）

一方、先述の牧草の害虫を防除する活性をもつエピクロエ属のエンドファイトは共生菌として農業現場で活用されていますが、実はこの麦角病菌の近縁種です。エピクロエ属のエンドファイトにおいても、一部の系統はエルゴタミンと類似した構造のエルゴバリンという毒素を作ることが知られています（図5-22）。農業利用されているエピクロエは、エルゴバリンを作らない菌系統ですが、自然界にいる毒素を作る系統は植物を動物の捕食から守る活性があるのではと推定されています。このような哺乳動物に害のある物質は、牧草を利用する我々にとっては毒素ですが、植物にとっては共生菌であるエンドファイトが自分を守るために作る物質ということになります。同じように、病原菌として悪名高い麦角病菌も、植物の立場で考えれば、毒素によって（ヒトを含む）動物から守ってくれる共生菌であるといえるのかもしれません。

また、同じ植物と微生物の組み合わせでも、たとえば植物の生育のステージや環境の変化に伴って共生的であったり寄生的であったりと変化することもあります。近年、世界的に問題になっているオオムギ斑点病菌（*Ramularia collo-cygni*）は、植物が若いときにはエンドファイトとして無病徴で感染し、植物の開花後にはとたんに斑点性の病徴を引き起こします。この病原菌も、エピクロエ属エンドファイトと同じように種子を介して次世代の植物に感染するのですが、無病徴で感染している際には植物を助ける働きをもっていると指摘する研究者もいます。

一方、共生菌とされているエピクロエ属エンドファイトは、菌の系統や気象条件によっては有性生殖のために植物の表面に子実体である*stromata*という菌塊を形成して植物の花芽の形成を阻害します（図5-22）。これらの菌が無病徴で感染し植物を助ける働きをしているステージでは、その関係を共生とよぶこともできるかもしれませんが、微生物は自分の繁殖ステージのために植物を良い状態で生かしていると捉えることもできます。

また、うどんこ病菌が感染した葉組織では、植物の光合成が部分的に活性化されるグリーンアイランドという緑色のスポットを形成する現象が知られていますが、この現象は病原菌の感染戦略の一環と決めつけてよいでしょうか？　一時的に植物に利益をもたらすような感染微生物の振る舞いは、どのような時間スケールで捉えるかによって、その評価は変わってきます。現状では、一見すると植物と病原菌の関係であっても、相利共生関係に将来発展する過程であるかもしれませんし、すでに現在においても環境によっては一時的に相利的な関係になっているかもしれません。

真核生物の始まりは、古細菌と好気性細菌（ミトコンドリアの起源）の共生であるという、今では定説となった細胞内共生説の提唱者であるリン・マーギュリスは、「水や空気を介して触れている地球上の生き物すべてが共生体と言える」という趣旨のことをその著書で述べています。従属栄養生物である動物も微生物も、ほかの生物とのバランスをとりながら栄養を獲得して繁殖する術を確保する以外に生きていく道はありません。植物に激しい病気を引き起こす病原菌も、弱い病原性を示す病原菌も、植物の生育を促進する共生菌も、植物の組織内で一見何もしていないエンドファイトも、すべての微生物はみずからが生き残るための良い位置を模索しながら、さらなる進化をする過程の段階にあるということでしょう。

第6章

植物の病気から生まれた科学的な発見

ここまで植物と微生物との凄まじい「戦争」の様やそこからの「共生」についても紹介してきましたが、互いの秘術を尽くした攻防に驚かれた読者の方も多かったのではないかと思います。植物の病気は、植物と病原体の戦いから発生するものですが、序章でも紹介したように人間社会のあり方にも、さまざまな影響を与えてきました。その一つが植物の病気の研究から得られた思いもよらない発見の数々です。本書の最後に、植物の病気が人類にもたらした特筆すべき科学的な発見のいくつかを紹介したいと思います。

6-1 植物の病気から見つかった植物ホルモン

イネの病気から発見された植物ホルモン

植物ホルモンは、植物が発芽し、茎や葉を伸ばし、花を咲かせ、実をつけたりするのに使われる植物内の伝達物質を指す言葉です。人間の成長ホルモンなどと同じくくりの概念で、その植物版です。植物ホルモンの有名なものには、オーキシン、ジベレリン、サイトカイニン、エチレンなどがあります。実は、植物ホルモンの研究には植物の病気が大きな貢献をしてきました。その

図6-1　イネばか苗病の病徴（左側が罹病したイネ幼苗）
（やまがたアグリネット提供）

もっとも代表的なものとしては、何といってもジベレリンの発見が挙げられるでしょう。ジベレリン発見のきっかけとなったのは、イネばか苗病というイネの病気の研究でした。

イネばか苗病

イネばか苗病は稲作に大きな被害を与える病気として、日本では古くから知られていました。最近は種子消毒によって病気の発生がかなり抑えられてはいますが、種子消毒が十分でない場合に、葉色が薄く、ほかの苗よりも抜きんでて伸びている苗を見かけることがあります。このイネがヒョロ長く伸びる病気がイネばか苗病です（図6-1左）。イネばか苗病にかかったイネでは苗が異常に伸長して丈が高くなり、簡単に倒れたり、ひどいときには枯れてしまったりします。

イネばか苗病の病原体は、学名*Gibberella fujikuroi* (Sawada) Wollenw.、もしくは*Fusarium fujikuroi* Nirenbergとよばれる糸状菌です（図6-2）。明治時代から大正時代にかけて、当時の台湾では高温多雨で種子消毒の技術もなかったため、イネばか苗病が猛威を振るっていました。1916年に台湾でイネばか苗病を初報告したのは藤黒輿三郎であり、学名の*fujikuroi*は彼の名に由来します。学名の命名者も台湾で研究に当たっていた沢田兼吉であり、この病原菌の発見には日本人が深く関わっているのです。

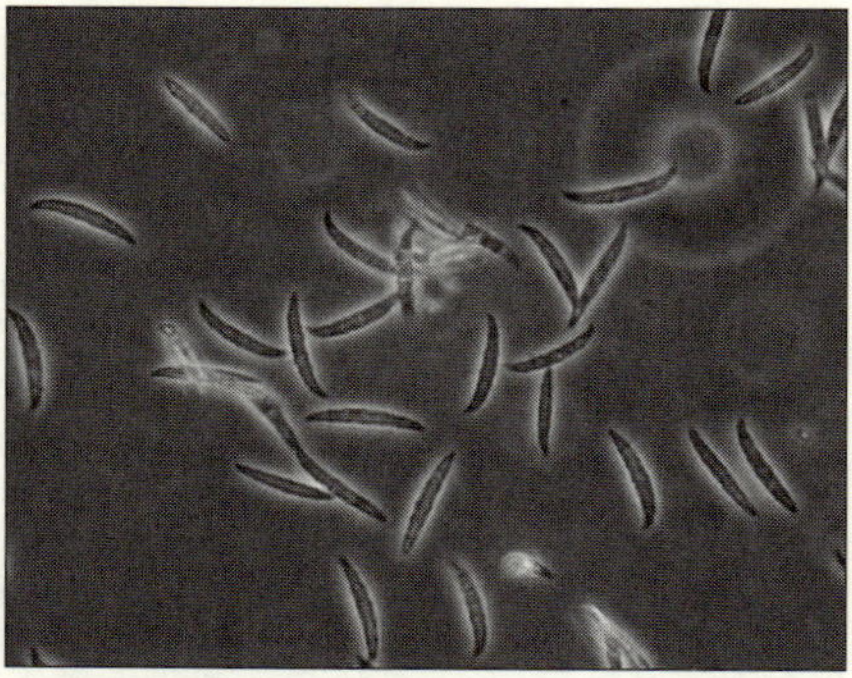

図6-2
イネばか苗病の病原菌の分生子

ジベレリンの発見

1920年代、台湾の総督府農事試験場で技師をしていた黒沢英一は、ばか苗病の研究に取り組んでいました。ばか苗病菌の菌体はイネの表面に生じることから、比較的容易に分離することができます。分離した菌体を人工培養し、その培養液を特殊な濾過器でこして、菌を取り除きます。この無菌になった液体をイネなどの植物にかけると、植物がよく伸び、伸長することがわかりました。つまりばか苗病菌自身ではなく、菌が分泌する化学物質に徒長促進効果があったのです。１９２６年のことでした。

１９３８年には東京帝国大学（現在の東京大学）の藪田貞治郎と住木諭介が、徒長をもたらす活性化物質の単離・結晶化に成功し、菌名から「ジベレリン」と命名しました。これは微生物から活性物質を分離した事例として世界初の業績でした。黒沢英一もこのころは故郷の茨城県に帰り、農林省（現在の農林水産省）農事試験場に勤務しており、藪田らの研究に菌株を分与するなど、協力を惜しまなかったといわれています。

ジベレリンの構造解析は、わずかに構造の異なるジベレリン物質が複数種存在したこともあってかなり難航しましたが、戦後急激に進展しました。日本の研究に注目した米国・イギリスなどの研究者が戦時中のペニシリン開発の経験を生かして、ばか苗病菌の大量培養に成功したからです。材料が大量に手に入ることによって、解析研究も急速に進み、１９５０年代には米国、イギリス、日本の３つの研究グループにより化学構造が決定されました（図６-３）。

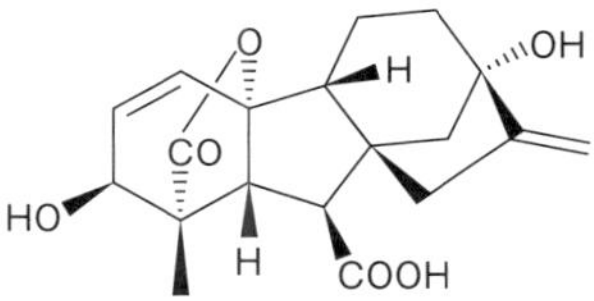

図6-3　ジベレリンA_3の構造式

このように、ジベレリンは菌が分泌する化学物質として見つかりましたが、その後、インゲンなどのマメ科植物やタケノコなどの植物体内からも発見され、植物自身がもっている植物ホルモンの一種であることがわかりました。

植物ホルモンは同じ作用をもつものは同じ名前でよばれるため、ジベレリンと総称されていますが、実際には構造が異なったものが含まれており、これまで100種類以上の〝ジベレリン〟がさまざまな植物から発見されています。また、ジベレリンの信号伝達に欠陥のある突然変異体などを利用した研究により、ジベレリンの作用の分子機構も解き明かされつつあります。

ジベレリンの農業利用

植物ホルモンの中で農業に利用されているものを、植物成長調整剤とよんでいますが、ジベレリンはその先駆けとなったものでした。ジベレリンの作用の研究が進むと、伸長成長を促進するだけでなく、種子の発芽、花芽の形成、果実の成長などにもかかわっていることが明らかになりました。受精なしに果実を大きくさせる作用のことを単為結実といいますが、ジベレリンがもつ単為結実の作用は、農業では特に広く利用されています。今では当たり前になっていますが、ブドウにジベレリンを処理することで「種なしブドウ」になります。これはジベレリンの植物成長調整剤としての利用の中でも、もっとも成功した例です。

1955年ごろから、日本でもジベレリンの工場生産が可能になり、この時期から、ブドウなど農作物を対象に利用試験が活発に行われるようになってきました。1957年に、住木諭介を会長とし全国の試験場が参加した「ジベレリン研究会」が発足し、ブドウを含む各種農作物を対象にしたジベレリン試験がスタートしました。

ただし、最初から種なしブドウを作ろうとしたわけではありませんでした。デラウェアというブドウの品種は果粒が密生し、生長の過程で裂果を起こしやすいという問題点がありました。そこでジベレリン処理により穂軸を長くすれば、果粒を間引かなくとも裂果を防ぐことができるのではないかと考えて試験が始まったのでした。実際にジベレリンを処理する試験を行ったところ、種なしで結実するという思いがけない効果があり、しかも熟期が早くなるというメリットもあることがわかりました。

図6-4　デラウェア

最大の難関は果粒が小さくなってしまうということでしたが、これも開花前の処理に加えて開花後にもう一度ジベレリン処理を行うことで解決しました。これらの努力が実り、1960年、種なしデラウェア（図6-4）が初出荷されると、瞬く間に人気の品種となり、1980年ごろには栽培面積が1万haを超えるほど日本全国で栽培されるようになりました。現在でもデラウェアは巨峰についで2番目に多く栽培されており、ブドウの栽培面積の約17％を占めます（平成27年度）。この品種が今日なお広く消費者に好まれるのは、ジベレリンによる「種なし化」が成功したからだと言えます。

現在では、ジベレリンは「種なしブドウ」の生産のほか、ミカンの落果防止やシクラメンの開花促進などにも活用されています。植物の病気がきっかけで発見され、多くの日本人研究者の活躍によって明らかにされてきた植物ホルモン「ジベレリン」は、今や農業上なくてはならない植物成長調整剤の一つとして利用されています。

6-2 分子生物学におけるタバコモザイクウイルスの役割

ウイルスの発見

第1章で紹介しましたが、ウイルスはキャプシドとよばれるタンパク質の殻とその内部に収められた核酸で構成される病原体で、ほかの生物を利用して増殖することを特徴としています。ウイルスは生命の最小単位とされる細胞をもたないため、非細胞性生物として位置づけられますが、構造が単純で材料が調製しやすいため、分子生物学の黎明期に研究材料としてよく用いられました。特に、タバコに感染するタバコモザイクウイルス（図6-5）は、分子生物学の進展に大きく貢献してきた歴史があります。

微生物学の歴史は、17世紀にオランダのアントニ・ファン・レーウェンフックが顕微鏡観察によって原生生物や細菌を発見したことに始まります。レーウェンフックの顕微鏡は、直径1㎜程度の球形のレンズを、金属板の中央にはめ込んだだけの単眼式のものでしたが、その倍率は約250倍に達していました。織物商だった時代に洋服生地の品質を判定するために虫眼鏡を使って生地の細部を見ていたことが、微細な世界への入り口になったといわれています。レーウェンフックの顕微鏡観察により、目に見えない微生物という概念が生まれました。

その後、19世紀にフランスのルイ・パスツールやドイツのロベルト・コッホが行った研究によって微生物学は大きく進展しました。第1章でも紹介しましたが、特にコッホが提唱した「感染症は微生物（細菌）によって起こる」という考えが医学に与えた影響は大

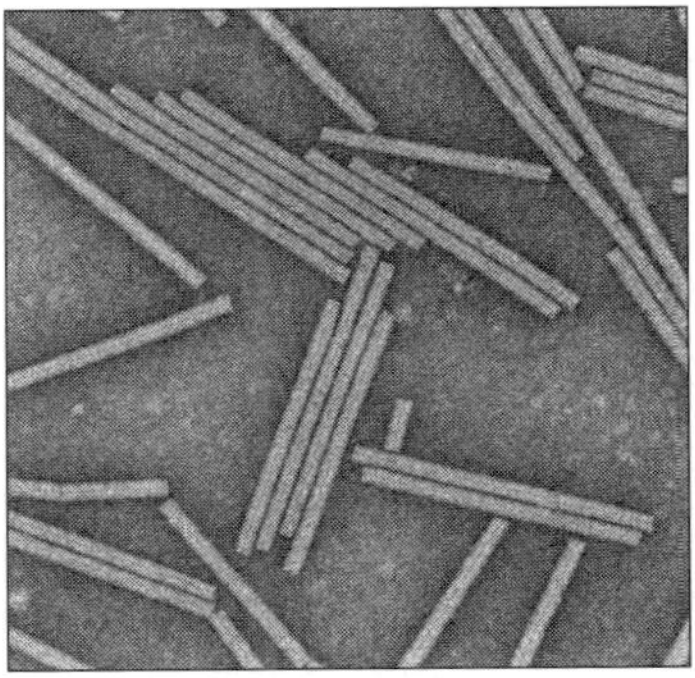

図6-5
タバコモザイクウイルスの粒子

きく、それ以降、感染症の原因の多くは細菌によるものだと考えられていました。

1884年、フランスの微生物学者チャールズ・シャンベランは、細菌を除去するために、細菌よりもサイズの小さな孔をもつ濾過器（シャンベラン濾過器）を発明しました（図6-6）。この濾過器を通すことによって、病原体である細菌を除去していたのです。ところが1892年、ロシアのドミトリー・イワノフスキーは、タバコモザイク病の病原体がこのシャンベラン濾過器を通過してくることを発見しました。これは細菌よりも微小で、顕微鏡では観察できない「何か」が病気を起こすことを見つけた初めての例でした。

しかし、彼はその濾液に含まれた「何か」とは、病原細菌によって産生された毒素か、これまでに見つかっていない微小な細菌で、それが病気を引き起こしているのではないかと考えていました。

一方、オランダのマルティヌス・ベイエリンクは、1898年にイワノフスキーの実験を慎重

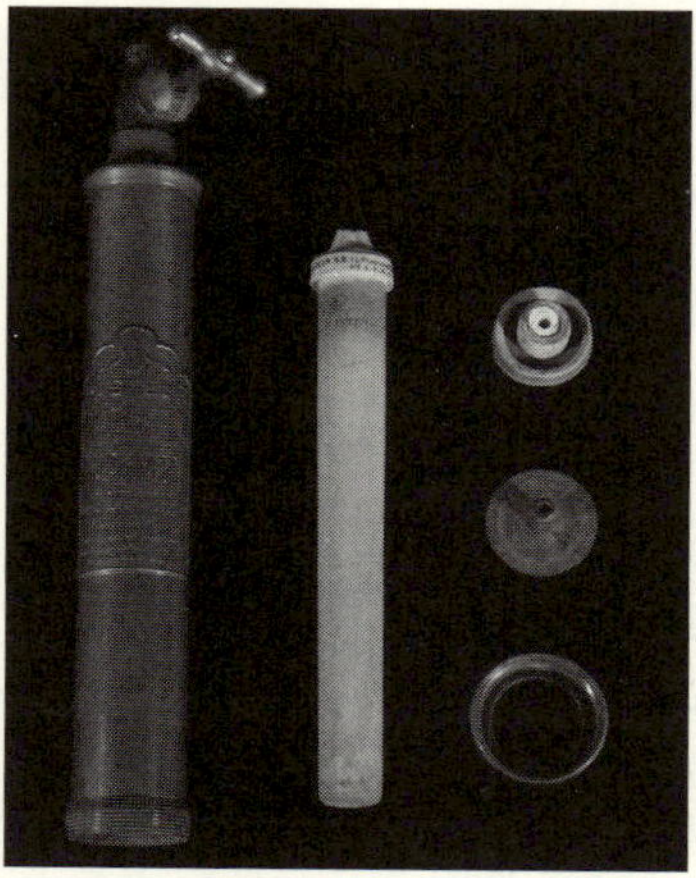

図6-6 シャンベラン濾過器

に追試し、同様の結果を得ますが、その「何か」とは、細菌のような微生物ではなく、可溶性の「contagium vivum fluidum（伝染性生命液）」であるとし、ウイルスという言葉を用いました。現在では、これがウイルスの発見の報告と考えられています（図6-5）。

なぜなら、イワノフスキーはその「何か」をそれまでの常識に基づいて細菌、もしくはそれに由来する毒素と考えていましたが、ベイエリンクはそれを細菌ではない、小さな未知の分子と考え、それが植物細胞に感染して増殖すると主張していたからです。このベイエリンクの主張はすぐには受け入れられませんでしたが、動物ウイルスや細菌ウイルス（ファージ）など、同じような性質をもった病原体が次々と発見されていくことで、やがて一般にもウイルスの存在が信じられるようになりました。

ウイルスはタンパク質？

ウイルスという存在自体は信じられるようになりましたが、細菌よりも小さな未知の分子が何であるかはわからないままでした。その正体は1935年に米国のウェンデル・スタンレーによって明らかにされました。スタンレーはタバコモザイクウイルスの本体がタンパク質であると想定して、硫酸アンモニウムによる塩析など当時最先端の方法によってウイルス粒子の精製を行い、結晶化することに成功しました。数gのタバコモザイクウイルスの結晶を得るために要したタバコの葉は数ｔであったといわれています。これによってはじめてウイルスが電子顕微鏡によって可視化されるとともに、ウイルスが細胞ではなく、化学物質のように結晶化できるものであることが明らかとなりました。スタンレーが結晶化に成功したことにより、ベイエリンクの主張が正しいことが改めて示されたのです。また、ウイルスが結晶化できる存在であるということに当時の科学者は大きな衝撃を受け、ウイルスが生物なのか無生物なのかという論議が巻き起こりました。スタンレーはこの業績により１９４６年にノーベル化学賞を受賞しました。

スタンレーはタバコモザイクウイルスが自己触媒能をもつ巨大なタンパク質であると報告しましたが、２年後の１９３７年にイギリスのボーデンとピリエによって、タバコモザイクウイルスに少量のＲＮＡが含まれることが証明されました。この発見はウイルスが核酸とタンパク質で構成されることを示すものでありきわめて重要な意味をもつものですが、当時は遺伝子の正体がまだ不明であり、生命の本質はタンパク質にあると考えられていたため、その重要性に気がつく人はいませんでした。

遺伝子の本体が核酸であることは１９４０年代後半から50年代になってようやくわかってきました。１９５２年に行われたハーシーとチェイスの実験は、ＤＮＡが遺伝子の本体であることを証明した実験の一つとして有名です。大腸菌に感染するウイルスであるファージはＤＮＡとタンパク質から構成されます。ＤＮＡを放射性物質で標識して大腸菌に感染させると、大腸菌内からの放射能が検出されますが、タンパク質を放射性物質で標識しても大腸菌内から放射能は検出されません。この実験によって、大腸菌に感染した物質がDNAであり、核酸こそがファージの本体であることが証明されたのです。

核酸がタバコモザイクウイルスの本体であることは、1956年、ギーラーとシュラムによって示されました。フェノール抽出によって単離されたタバコモザイクウイルスのRNAが病原性を示したことから、タンパク質ではなくRNAがウイルスの感染性の本体であることが証明されました。これらの実験によって、遺伝子の本体が核酸であることが広く認められるようになったのです。

分子生物学の黄金期

タバコモザイクウイルスは遺伝コードの解明においても重要な役割を果たしました。1958年、ギーラーとマンドリーはタバコモザイクウイルスのRNAを亜硝酸処理することによって変異ウイルスの作出に成功し、その2年後、カリフォルニア大学バークレー校に留学していた次田皓(あきら)とフランケル-コンラットによって変異ウイルスの外被タンパク質（キャプシド）のアミノ酸が変化していることが確認されました。これらの変異ウイルスを用いた遺伝暗号の研究は、遺伝コード解明におけるパイオニア的研究となり、その後の分子生物学の進展に大きく寄与しました。

図6-7 タバコモザイクウイルスの構造

Klug, A. (1999) . *Phil. Trans. R. Soc.* Lond. B354, 531-535 (Fig. 1) をもとに作成

　ＤＮＡの二重らせん構造を発見したことで有名なジェームズ・ワトソンも、タバコモザイクウイルスの研究に関与していました。ワトソンは結晶学の技術を学ぶために、タバコモザイクウイルスをＸ線回折のモデル構造物に選び、１９５４年に外被タンパク質がらせん状に積み上がった構造であることを明らかにしました。タバコモザイクウイルスにおけるこの経験がＤＮＡの二重らせん構造解明への重要なヒントになったといわれています（図６-７）。

　このように、タバコモザイクウイルスは純粋な試料が大量に、かつ比較的容易に得られるため、生命科学の研究材料としてよく用いられてきました。タバコモザイクウイルスは分子生物学の黄金期を支え、生化学や分子生物学、医学等のさまざまな分野の発展に大きく貢献してきたのです。

6-3 アグロバクテリウムと遺伝子組換え植物

植物の腫瘍とアグロバクテリウム

一説によるとヒトの体では毎日1兆個もの細胞が新しい細胞と置き換わっているそうです。少し不思議な気もしますが、それだけの細胞が新たに生まれてきても、ヒトの体はきちんと元あったように同じ形を保っています。しかし、細胞の増殖はそういったしかるべき場所で起こるだけでなく、時に異所でも生じて正常とはいえない「形」を作ってしまうことがあります。これが「腫瘍」とよばれるものです。「腫瘍」と聞くと悪性腫瘍（がん）のことが連想されてあまりいい気がしない人も多いと思いますが、こぶとり爺さんのコブのように、がんにはならない良性の腫瘍も多くあります。

実は植物にも腫瘍ができます。昆虫の寄生によって作られるものが多いですが、微生物によってできるものもあり、その一つが根頭癌腫（がんしゅ）です。癌腫というおどろおどろしい名前がつけられていますが、植物に全身的ながんを起こすわけではなく、主に植物の根や地際部を中心にコブがで

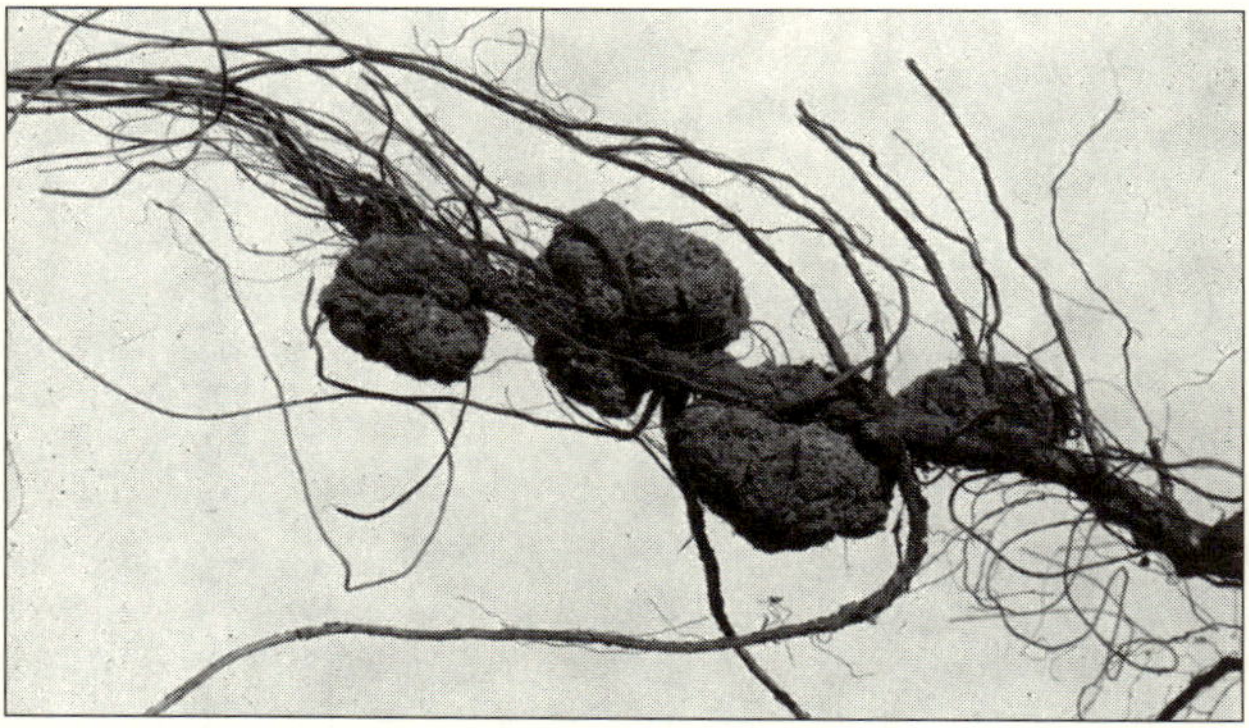

図6-8 クルミ科樹木の根にできた根頭癌腫

きて、生育が落ちていくという病気です。この病気はブドウ、リンゴやナシなどの果樹とキク科やバラ科の花などの園芸植物でよく発生し大きな被害を与えています（図6-8）。

この根頭がんしゅ病が細菌によって起こる病気であることを初めて記載したのは、イタリアのフリディアーノ・カバラで1897年のことでした。この病原菌は、米国の研究者により当初、バクテリウム・ツメファシエンス（*Bacterium tumefaciens*）と命名されましたが、その後、いくつかの変遷があり1942年によく知られたアグロバクテリウム・ツメファシエンスの名でよばれるようになりました。[注1]

この根頭がんしゅ病を引き起こすアグロバクテリウム菌は、世界中の科学者を驚かせることになる興味深い特性を多くもっており、植物の病原菌という枠にとどまらず、生物学全体に大きなインパクトを与えることになりました。また、それは基礎科学がいかに予期せぬ意外性をもって、人間社会に実際に役立つ知見をもたらすのかということを示す格好の事例ともなっています。では、アグロバクテリウム研究の歴史を紹介しましょう。

TIPの発見

この菌は異常な細胞分裂を誘導しクラウンゴールとよばれる植物の腫瘍、つまりコブを作ります。最初の驚くべき発見は、アグロバクテリウム菌がいったん感染すると、菌がいない植物組織でもこの腫瘍形成が起こるようになることでした。

1940年代にロックフェラー研究所のアーミン・ブラウンのグループは、ヒマワリにアグロバクテリウム菌を接種すると、それによりできた腫瘍から、少し離れた部位に二次的な腫瘍ができることを見いだしました（図6-9）。不思議なことに、その

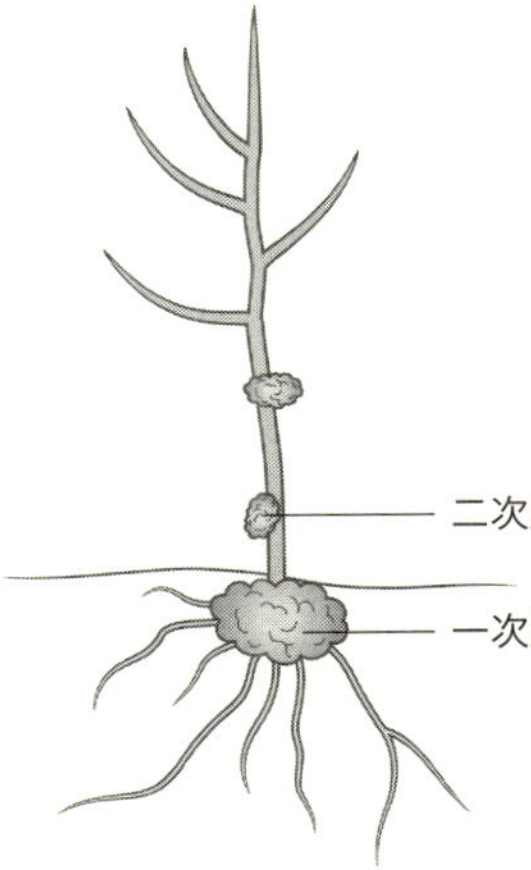

図6-9　根頭癌腫病における一次腫瘍と二次腫瘍の模式図

二次腫瘍からは菌がまったく検出されなかったのです。つまり腫瘍を作るのに、菌の存在は必須ではなく、菌から何か植物の腫瘍形成を誘導する物質のようなものが出ていることが想定され、その未知の物質は腫瘍誘導成分（Tumor Inducing Principle、ＴＩＰ）とよばれるようになりました。

このＴＩＰの研究の中でもたらされた2つ目の驚きは、ＴＩＰ、つまり腫瘍を作る能力が違う菌の間で移動するという発見でした。１９６９年に報告された論文で、病原菌と非病原菌を同時に植物に接種すると、なんと非病原菌が腫瘍を作る病原菌に変わってしまうことがわかったのです。これはＴＩＰが植物に作用するだけでなく、菌に対しても影響を与えうる可動性の因子であることを示唆していました。このように生物の間で移動し、ほかの生物の性質を変えてしまう物質として、当時、細胞質に存在するＤＮＡ因子であるプラスミド[注2]が知られていました。大腸菌などで、抗生物質に対する耐性がプラスミドを介したＤＮＡの移行によって、菌の間で伝達されることが発見されており、ＴＩＰもそういったＤＮＡ因子ではないかと考えられるようになりました。

Tiプラスミド

アグロバクテリウム菌におけるプラスミドの探索は、かなり早い時期から多くの研究者が取り組んでいましたが、なかなか見つかりませんでした。しかし、１９７４年、ついにオランダの研

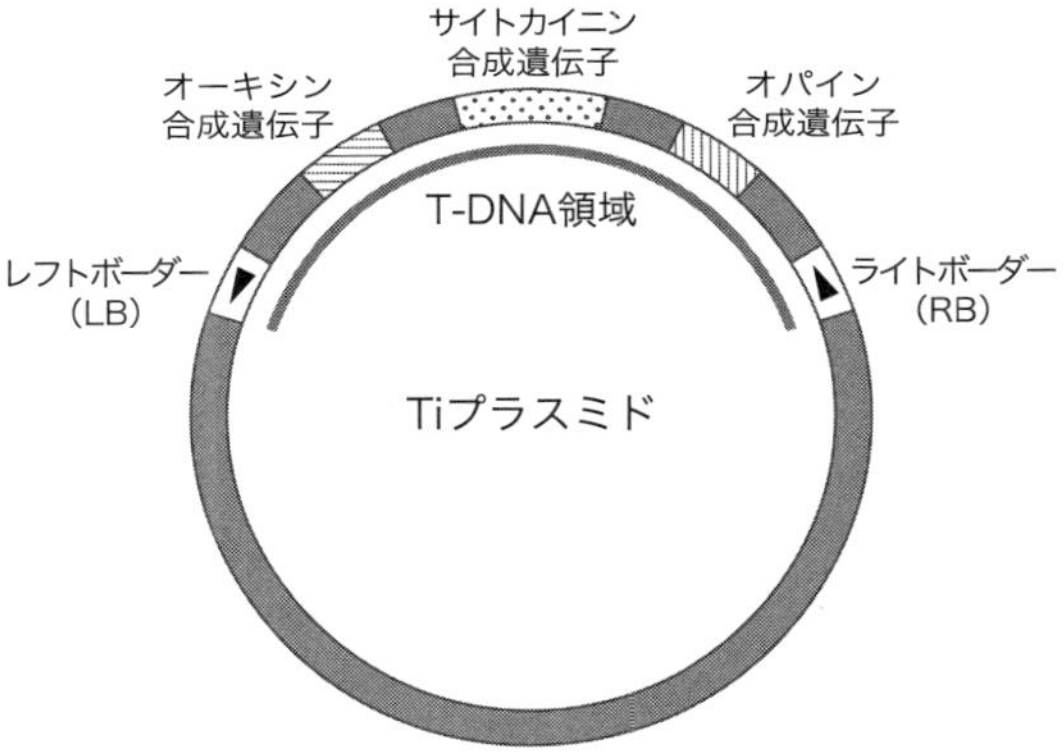

図6-10 アグロバクテリウム菌がもつTiプラスミドの模式図
レフトボーダー（LB）およびライトボーダー（RB）とよばれる反復配列の間に植物ホルモンやオパインの合成酵素遺伝子が存在する

究者が病原性のアグロバクテリウム菌に特異的なプラスミドがあることを突き止めます。それがTiプラスミドと名付けられた、サイズが約200kb（20万塩基対）という巨大なプラスミドでした（図6-10）。大腸菌でよく使われているプラスミド等では、サイズが10kb以下のものが多く、このけた違いの大きさのため、発見が難航したのでした。

さて、こうして見つかったTiプラスミドですが、ではこれがTIPの正体だったのでしょうか？

しかし、謎解きはそう簡単ではありませんでした。まず第一に、当時細菌どうしのプラスミドによる遺伝子の移行は知られていましたが、原核生物と真核生物では遺伝子の制御機構に違いがあるため、原核生物であるアグロバクテリウム菌のプラスミドが、真核生物の植物細胞で維持され、そこから遺伝子の発現が起こることは、かなり難しいことのように考えられました。また、実際TiプラスミドがTIPであるなら、腫瘍を作っている細胞にそれが存在しているはずですが、植物の細胞からDNAを抽出しても、Tiプラスミドの一部の配列しか検出できなかったのです。

いったい、何が起こっているのか？　その謎を解くカギは腫瘍ができた植物の細胞で検出されたTiプラスミドの配列にあるはずです。世界中の研究者がその解析に取り組んだ結果わかったことは、そのTiプラスミドに由来するDNA配列が植物の染色体に組み込まれているという、当時の常識にない驚くべき発見でした。原核生物のもつプラスミドから、真核生物の染色体へとDNAが移行していたのです（図6-11）。

植物の染色体へと移行していたのはTiプラスミドの一部で、その配列はT-DNAと命名されました。T-DNAの長さは約24kb[注3]で、植物の染色体のさまざまな場所に挿入されていましたが、そこにコードされる遺伝子に、植物に腫瘍形成を誘導するTIPとしての秘密が隠されていました。そこには細胞の増殖を誘導する植物ホルモンであるオーキシン[注4]およびサイトカイニンを合成する遺伝子が含まれていたのです。これが菌の感染と共に植物染色体に導入されることで、植物自身の遺伝子発現機構を利用して多量の植物ホルモンが合成され、その影響で細胞が異常増殖し、腫瘍ができていたわけです。

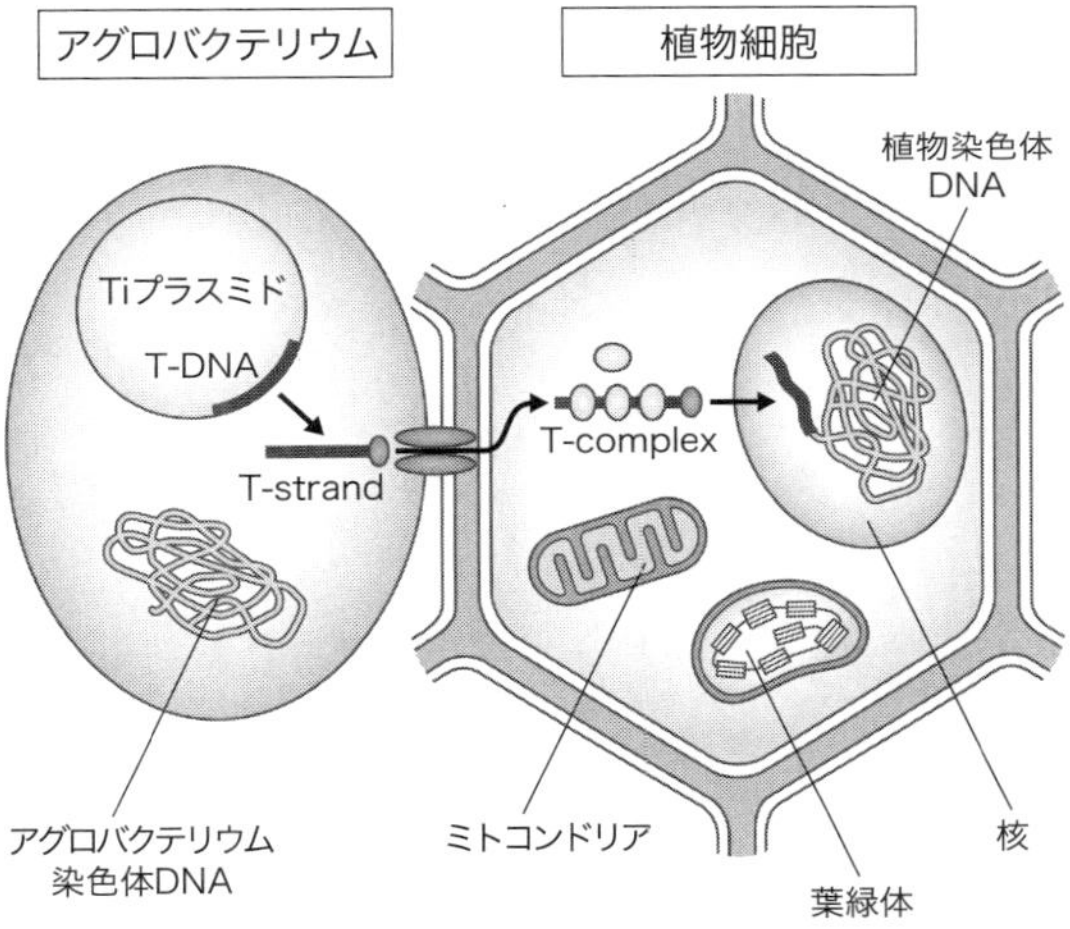

（図6-11）アグロバクテリウム菌から植物への遺伝子水平移行の模式図
アグロバクテリウム菌のもつTiプラスミドからT-DNAが切り出され、T-complexとよばれるタンパク質との複合体となる。T-DNAはさらに植物の核へと移行し、染色体DNAの一部へと統合される（Gelvin SB, 2005より引用・改変）

T-DNAには、さらにもう一つの秘密が隠されていました。アグロバクテリウム菌が感染した植物細胞では、オパイン[注5]とよばれるアミノ酸の誘導体が多量に蓄積することが古くから知られていました。オパインは植物には利用できない化合物ですが、アグロバクテリウム菌にとっては貴重なエネルギー源になります。どうしてそんな物質が植物細胞で蓄積するのか不思議に思われていましたが、T-DNAにはこのオパインを合成する遺伝子もコードされており、植物ホルモンの合成遺伝子と共に植物の染色体へと組み込まれていたのです。これにより自分だけの栄養源であるオパインを多量に作る細胞がどんどん増殖するよう〝遺伝子組換え〟により植物を「品種改良」し、感染を成立させるという、人間も顔負けの感染戦略をアグロバクテリウムは使っていたのでした。

残された謎

植物での腫瘍形成に重要な働きをするT-DNA上の遺伝子たちは、アグロバクテリウム菌の中では発現しません。それは植物で発現するよう真核生物型の特徴をもっているからです。一方、Tiプラスミドの複製に必要な調節配列はアグロバクテリウム菌で保持されるように原核生物型です。T-DNAだけを植物の染色体に挿入するので、プラスミド自体は植物細胞で維持される必要はなく、原核生物から真核生物へと遺伝子を移行させるためによくデザインされた仕組みといえます。しかし、アグロバクテリウム菌の中で発現することがない植物ホルモンやオパインの合成酵素遺伝子などを、どのようにしてアグロバクテリウム菌が進化の中で獲得できたのか、かなり不思議なことにも思えます。

これに関連して少しおもしろい話があります。それはアグロバクテリウム菌とマメ科植物で共生をしている根粒菌の関係です。病原菌と共生菌という、正反対の性格をもつ異なった微生物だと思われていた2つの菌ですが、近年のDNAによる分子系統解析によりこの2つは実はまった

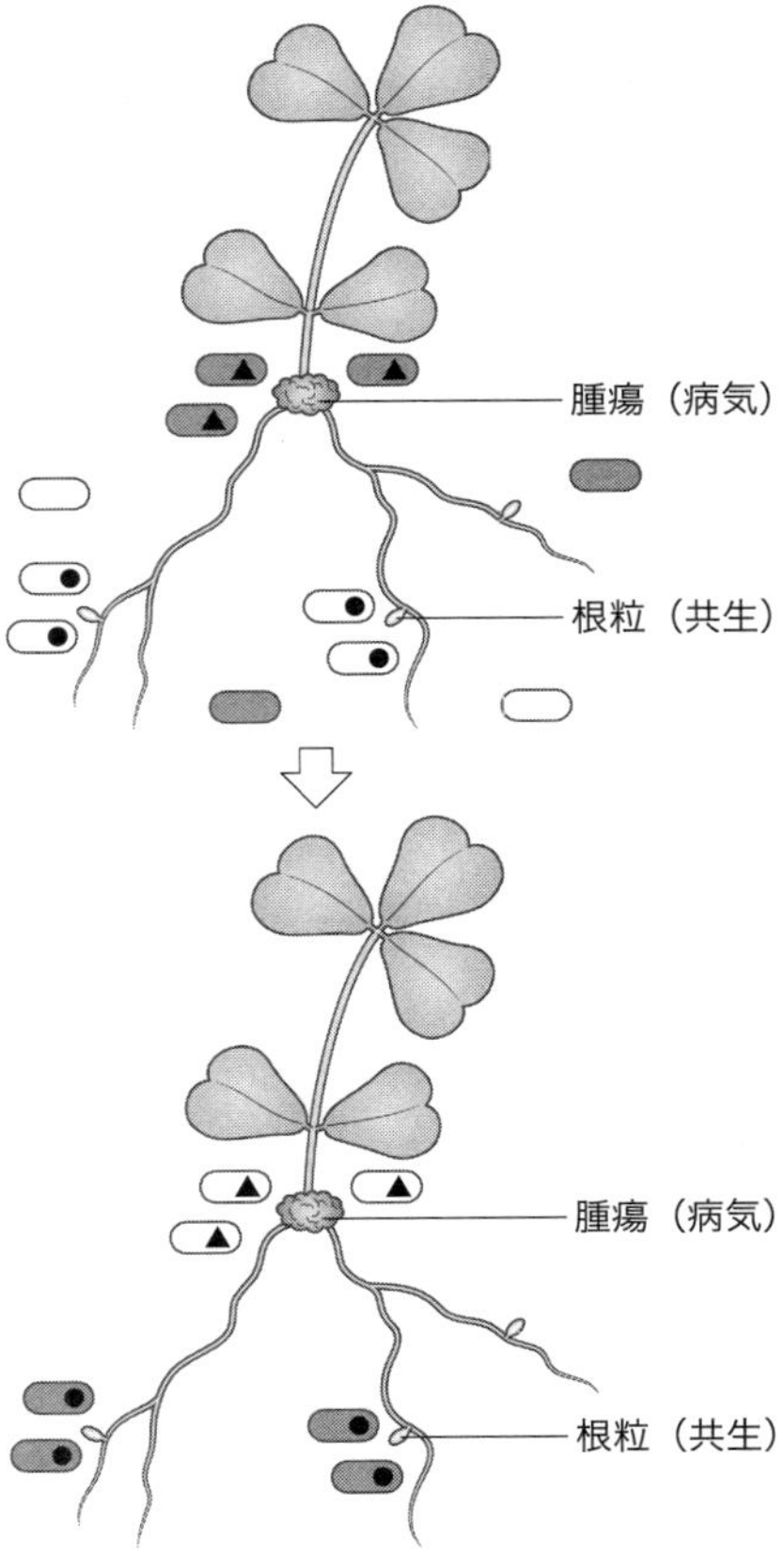

図6-12 病原菌と共生菌という正反対の特徴が、保有するプラスミドで変化する

病原菌であるアグロバクテリウム菌（グレー）は植物に腫瘍を作り、根粒菌（白）は窒素固定をする共生菌であるが、この病原菌や共生菌という性質の違いは、菌の種類で決定されるのではなく、保有するプラスミド（▲：Tiプラスミド、●：共生プラスミド）によって決定される

く同じグループに属する細菌だということがわかりました。アグロバクテリウム菌が病原性を発揮するのにTiプラスミドを必要とするように、根粒菌がマメ科植物と共生するには、〝共生プラスミド〟という大型のプラスミドが必要であることも知られていましたが、驚くべきことにアグロバクテリウム菌のグループの中にも共生プラスミドをもつものがあり、これらはなんと窒素固定をして共生生活をすることができます。逆に根粒菌のグループにもTiプラスミドをもつものがおり、それらは腫瘍を作って病原菌化していました（図6-12）。これは病原性や共生という植物と微生物の関係が、野外では単にプラスミドの交換や伝達で変化している可能性を示しています。第5章の根粒菌と青枯病菌の関係ともよく似ていますが、本当に不思議で興味深い現象です。

アグロバクテリウムと遺伝子組換え植物

アグロバクテリウム菌により自然界で行われていた、この「遺伝子組換え技術」を利用すれば、思いのままに植物に遺伝子を導入できる。そう考えた研究者は少なくありませんでした。Tiプラスミドが植物に病気を起こす原因となるのは、植物ホルモンとオパインの合成遺伝子が主なものです。これらを人が植物に導入したい遺伝子に置き換えればよい。こういう発想でTiプラスミドはどんどん改良され、現在では使いやすく病気を起こさない植物遺伝子組換え用のTiプラスミドベクターが産業的にも利用されています。根頭がんしゅ病の研究から、植物の遺伝子組換え技術が生まれたのです。遺伝子操作と言うと、何か人工的に植物の細胞から遺伝子を取り出して、先端的な技術を使って組み換えているようなイメージですが、実際には昔からアグロバクテリウム菌が自然界でやっていた「植物の品種改良」を少し改変したにすぎません。

このアグロバクテリウム菌等を使った遺伝子組換え技術により、多くの実用的な植物が作出されています。よく知られているのは、ダイズなどで有名な除草剤耐性植物ですが、病害虫に強い植物や、栄養成分を強化したりアレルゲンを低減させた作物も作られています。また、近年話題になった青いバラもアグロバクテリウム菌を利用してできました。社会的な批判も強い遺伝子組換え技術ですが、人間社会に役立つ大きな可能性を秘めていることは間違いありません。

最後にやや余談にはなりますが、このアグロバクテリウム菌による遺伝子組換えの可能性について少し話題を紹介します。元々はアグロバクテリウム菌が自然界で感染できる双子葉植物を中心に始まった人工的な遺伝子組換えですが、その後、穀物などを多く含む、単子葉植物にも応用されるようになり、どんどん適用範囲が広がっています。現在では、さまざまなアグロバクテリウム菌の系統を利用することで、藻類、真菌類や哺乳動物に至るまでの幅広い真核生物にも遺伝子導入できることが実験室では証明されています。人類に大きな驚きをもたらし続けたアグロバクテリウム菌ですが、そのうちこの細菌で人間の遺伝子治療なんかが行われる日が来るかも

（？）しれませんね。少し眉唾ですが。

（注1）アグロバクテリウム・ツメファシエンス（*Agrobacterium tumefaciens*）……近年、分子系統分類の知見を入れて正式な学名は *Rhizobium radiobacter* に変更されている。アグロバクテリウムという名称は、*Rhizobium* 属細菌のうち、植物に病原性をもつものの総称にすぎないが、通称としては現在でもよく使用されている。

（注2）プラスミド……核ＤＮＡとは別に細胞質に存在する複製可能なＤＮＡ分子。典型的な大腸菌のプラスミドであるColE1のサイズは約６・６kbである。

（注3）Ｔ－ＤＮＡ……アグロバクテリウム菌の系統により約10～25kb程度の幅がある。

（注4）オーキシン、サイトカイニン……オーキシンは植物の成長（伸長成長）を促す作用をもつ植物ホルモン。また、サイトカイニンは、オーキシンの存在下で細胞分裂を促す作用がある植物ホルモンである。

（注5）オパイン……アミノ酸とケト酸との縮合により形成される低分子の第２級アミン誘導体の総称。アグロバクテリウム菌により合成が誘導されるオパインの代表例として、ノパリンやオク

トピンなどが知られている。

6-4 究極の怠け者細菌「ファイトプラズマ」

植物の篩部に寄生する病原細菌「ファイトプラズマ」

植物病原体の一つに「ファイトプラズマ」とよばれる細菌がいます。世界各地で農作物に被害をもたらしているファイトプラズマを発見したのはほかならぬ日本人です。

ファイトプラズマは、植物の篩部細胞内に寄生する病原細菌であり、世界中で多くの農作物に被害を与えています。たとえば、２００１年には、ヨーロッパのリンゴ農園にファイトプラズマ病が大発生し、イタリアだけで1億ユーロ、ドイツでは2・5億ユーロの損失を与えたといわれています。

日本でもファイトプラズマによる病気は発生しており、高級木材原料であるキリにファイトプラズマが感染すると、てんぐ巣病とよばれる病気になります（図6-13）。第1章でも紹介しましたが、てんぐ巣病は枝が異常に密生する奇形の症状であり、高い木の上に鳥の巣のような形がで

図6-13 ファイトプラズマによるキリてんぐ巣病の症状

きるためにこのような名前がついています。キリがてんぐ巣病にかかると樹勢が低下して商品価値が著しく損なわれるとともに、多くの場合枯れてしまいます。この病気は1960年までに北海道と東北地方を除くほぼすべての地域で発生し、100万本以上が感染したといわれています。その後、1990年代には東北地方でもこの病気が発生しました。中国でも大発生し、その範囲は88万haに及んでいます。

最近では、街路樹として植えられているホルトノキという植物にファイトプラズマが感染して、枯れてしまう病気が発生しています。ホルトノキの中には、天然記念物といった文化財に指定されているものもあるのですが、ファイトプラズマ病に感染して枯れてしまったために、文化財等の指定が解除されるという問題も生じています。このように、ファイトプラズマは世界中でさまざまな植物に病気を起こして問題となっています。

ファイトプラズマは日本で発見された

前述したように、ファイトプラズマは日本で発見された微生物です。ファイトプラズマによる病気は、19世紀後半ごろから記録が残っています。当時、日本では養蚕業が盛んで、カイコの飼育にクワが必需でしたが、そのクワ樹に萎縮病が発生し、全国的に甚大な被害が生じて問題となっていました（図6-14）。また、20世紀初頭にはキリてんぐ巣病やイネ黄萎病が報告されましたが、いずれも原因不詳とされていました。その後、これらの病気が接ぎ木で伝染することや、ヨコバイなどの昆虫により伝染することがわかり、病徴と伝搬様式の類似性から、ウイルスが病原であると考えられるようになりました。そのため、世界中の研究者が病原ウイルスを特定しようと試みたのですが、感染植物の組織をいくら観察してもウイルスは見つかりませんでした。このような状況が20世紀半ばまで続いていたのです。

図6-14 クワ萎縮病の症状
〔日野 巖（1949）「植物病學発達史」より引用〕

病原体の正体が明らかとなったのは1967年のことでした。病気になった植物の篩部細

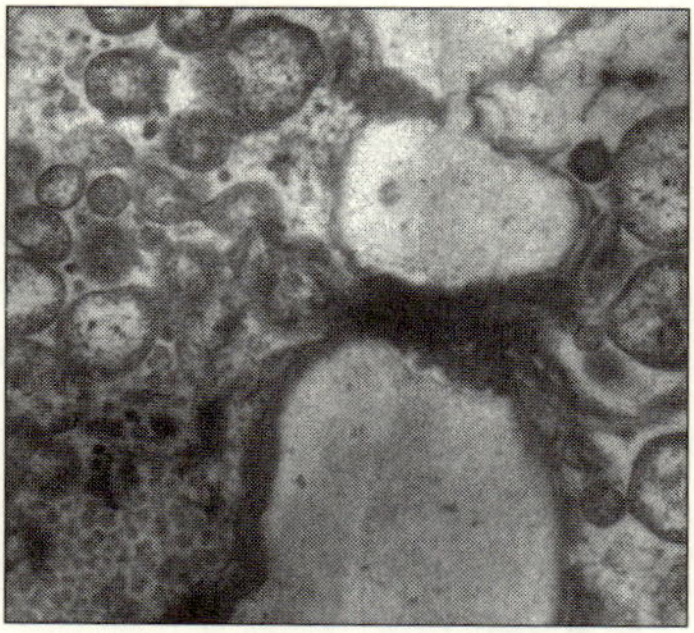

図6-15 植物篩部細胞内におけるファイトプラズマ粒子

胞に約０・１〜０・８㎛の大きさの病原細菌が存在することを、東京大学の土居養二らが発見したのです（図6-15）。この病原細菌にはペプチドグリカンからなる細胞壁がなく、この特徴が動物に感染するマイコプラズマに似ていたことから、当時は「マイコプラズマ様微生物」とよばれました。その後、この歴史的発見は世界中で追認され、大きな驚きをもって受け入れられました。ファイトプラズマ（*Candidatus* Phytoplasma属細菌）という学名（注　培養できない細菌の学名であるため、暫定種と呼ばれます）が登録されたのは２００４年になってからのことです。Phytoはギリシャ語で「植物の」を意味し、plasmaは「もの」を意味する語源に基づいています。

　前述したように、発見当時は病原がウイルスであると考えられており、また、篩部に局在する細菌の報告もなかったため、どの研究者もウイルス粒子を探していました。土居らによるファイトプラズマの発見には、動物マイコプラズマの研究を行っていた獣医学科のグループが同じ電子顕微鏡を使用していたことが幸いしたといわれています。マイコプラズマ様の粒子を見ていながら、病原だとは思わなかった海外の研究者もいました。大発見には異分野との交流をたいせつにすることそして、先入観をもたない独創的な感性が重要であることを教えてくれるエピソードです。

植物を操る不思議な能力

ファイトプラズマは前述したようなてんぐ巣や萎縮のほかに、とてもおもしろい病気を引き起こします。アジサイがファイトプラズマに感染すると、がくや花弁が葉に変化してしまうのです（図6-16）。花が鮮やかな緑色の葉に変化するので、葉化病とか緑化病とよばれています。アジサイ以外にもアスターやニチニチソウがファイトプラズマ病に感染すると同様の病気になります。とてもきれいな病徴なのですが、放置しておくと5～6年で枯れてしまいます。近年、アジサイの名所などで葉化病の被害が拡がり問題となっています。

図6-16　ファイトプラズマに感染したアジサイの花の葉化症状（右）。左は正常な花

ファイトプラズマ病による病徴が役に立っている珍しい例もあります。ポインセチアはクリスマスシーズンに人気の植物ですが、本来は高さが2～3ｍまで成長する

樹木です。よく花屋さんで売られているポインセチアの多くには、実はファイトプラズマが感染していて、ファイトプラズマによる萎縮やてんぐ巣などの症状によって、樹高が低く、枝分かれの多い美しい樹形になっているのです。病原体の感染が商業的に役立っている珍しい例であると言えます。このように、ファイトプラズマは花を葉に変えたり、枝分かれを増やすなど、植物の形を変えるユニークな病徴を引き起こすのが特徴であり、そのメカニズムに興味がもたれています。

退化したゲノム

ファイトプラズマは、植物の病気という観点からも、そして植物の形を操るという学術的な観点からもとても興味深いのですが、研究対象とするには非常に扱いにくい生き物です。それは大きさが1㎛もなく、顕微鏡でぎりぎり見えるサイズであることに加え、人工的な培養が難しいからです。通常、細菌を研究材料とする際には、培地の上で細菌を培養して、増殖させたものを使用しますが、ファイトプラズマの培養は、多くの研究者のチャレンジにもかかわらず、これまでまだ良い方法が見つかっていません。ちなみに、ファイトプラズマは *Candidatus* Phytoplasma 属細菌と呼ばれますが、*Candidatus* は人工培養できない細菌であることを意味します。

研究するのが困難なファイトプラズマの性状の手がかりをつかむために、１９９０年代の後半から世界各国でゲノムプロジェクトが進められました。人工培養できないためにゲノムＤＮＡを調製するのが難しく、完全解読は困難を極めましたが、２００４年に東京大学の難波成任らのグループが世界で初めてファイトプラズマの全ゲノム解読に成功しました。そのゲノムは約８５０ｋｂｐの染色体と、２つのプラスミドから構成されており、約７５０個の遺伝子がコードされていました。このゲノムの大きさは、細菌の中でもかなり小さい部類に入ります。ファイトプラズマのゲノムにも、ＤＮＡの複製、転写、翻訳に関する基本的な遺伝子がコードされていますし、糖を分解する解糖系や細胞膜の合成、核酸の再利用系に関する遺伝子が存在していますが、しかし、それ以外の代謝系遺伝子のほとんどを欠いているため、ファイトプラズマはアミノ酸やビタミン類、脂肪酸などを合成することができません。

これはファイトプラズマの生息スタイルと密接に関係しています。ファイトプラズマは植物の細胞内に寄生するため、宿主の細胞質からさまざまな代謝物を取り込むことができるので、自分で生合成する必要がないのです。ＤＮＡ複製などの基本的な遺伝子は自身でもっている必要がありますが、代謝物の多くを宿主から奪って生きているうちに、アミノ酸などを合成する遺伝子がどんどんなくなって、ゲノムが小さくなってしまったのです。

究極の怠け者細菌

一般に、寄生細菌や共生細菌は、宿主から栄養分を奪って生きることができるため、ファイトプラズマと同じように遺伝子を失う方向に退化してしまい、ゲノムが縮小化する傾向があります。ファイトプラズマに近縁で動物の病原細菌であるマイコプラズマ（*Mycoplasma genitalium*）は、TCA回路、電子伝達系、アミノ酸合成、脂肪酸合成、コレステロール合成に関する遺伝子をもっていないことが知られており、最小ゲノムをもつ生物として知られていました。ところが、ファイトプラズマはこのマイコプラズマよりも代謝系に関する遺伝子が少なかったのです。

まず、ファイトプラズマのゲノムには、ペントースリン酸回路を形成するための遺伝子がまったくコードされていませんでした。この回路の重要な役割の一つは、DNAなどの核酸の材料となるリボース5-リン酸の供給を行うことであり、生物にとって重要な回路です。ファイトプラズマは、ペントースリン酸回路をもたない代わりに、リボース5-リン酸を宿主から取り込んでいるのではないかと考えられています。

また、ほとんどの生物は「ATP合成酵素」とよばれる装置をもっていて、細胞膜内外のプロトン濃度勾配によってエネルギー（ATP）を合成します。ところが驚いたことに、ファイトプラズマのゲノムにはATP合成酵素のサブユニットをコードする遺伝子が一つも見つからなかったのです。ファイトプラズマはATP合成酵素をもたないことがわかった初めての生物でした。

このように代謝系遺伝子の多くを失っている代わりに、ファイトプラズマは細胞外から物質を取り込む「トランスポーター」とよばれる装置の遺伝子を数多くもっていることがわかりました。つまり、ファイトプラズマは自分では代謝物を生産せず、栄養分のほとんどすべてを宿主から奪って生きている「究極の怠け者細菌」なのです。

生命とは何か？

「生命とは何か？」という問いかけは、生命科学者にとっては究極の課題といえるかもしれません。この問いに答えるための一つの試みとして、生物が生きていくために必要最低限な遺伝子を探索する研究が、数多く行われてきました。さまざまな生物のゲノムにコードされている遺伝子を比較して、どんな生物でももっている重要な遺伝子、すなわち生きるために必須な遺伝子が特定できれば、生命の本質を理解することの助けになると考えられるからです。

ファイトプラズマのゲノムが解読されるまでは、どの生物のゲノムにもＡＴＰ合成酵素の遺伝子が見つかっていたことから、この遺伝子は生命にとって必須のものと考えられていました。ところがファイトプラズマはその例外となることがわかり、生物は環境によって想像以上に多様な遺伝子構成で生きてゆけることがわかりました。ファイトプラズマのゲノム解読は、「生命とは何か？」という究極の課題に一石を投じるものだったのです。

このように、ファイトプラズマの全ゲノム解析から得られた情報は、いくつかの点において従来の常識を覆すものでした。ファイトプラズマは植物篩部という特殊な環境に適応した、独特の進化を遂げた生物なのです。近年、シークエンス技術の進歩によって、ゲノムを解析するスピードがますます加速しています。ファイトプラズマに限らず、植物に病気を起こす病原体は、植物に寄生する特殊な能力をもっており、ユニークな進化を遂げた生物であるといえます。今後も植物病原体のゲノム情報は、生物の生存戦略の巧みさや生命現象の不思議さをわれわれの前に示してくれるにちがいありません。

あとがき

2017年9月、韓国の済州島(チェジュ)で開催された第6回アジア植物病理学会議に参加していました。その機会に、同じく出席者であった神戸大学の中屋敷均さんから、講談社ブルーバックスからの出版に関する相談を受けました。

植物病理学は農作物の病気の原因を探り、病気から植物を守る実学的な学問であると同時に、植物と病原体の相互関係で生起する現象理解を追究する学問です。21世紀に至って生命科学の発達とともに、植物の病気という現象に秘められた神秘的ともいえる生命原理の理解が進んでいます。

「今、植物病理学に秘められた学問的な面白さを、一般の人々や高校生、大学生の読者にわかりやすく伝える書物を作るための機が熟しているのでは」と、学会会場のロビーで話が弾みました。

その後、関係者と調整をしながら、書籍の狙いやイメージが具体的になっていきました。執筆者は、植物病理学分野の第一線で活躍している研究者によって構成されています。学者的な専門家の硬い頭に留まっていると、どうしても肩苦しい教科書的な記述となり、生き生きとした、躍動感を欠いてしまいがちですが、第一線の研究者であればこそ、自然界の現象に対して、謙虚な心で立ち向かい、そこに真実が飛び込んでくるというような感覚を共有しているはずです。学生や一般の読者と同じ目線に立ち、生き生きと現象を見る視点を大切にして執筆するよう心がけて頂きました。大学での日々の教育、研究の業務と並行しながらの多大な作業であったと思われますが、若い学生さんたちを育てるという心意気が、本書に命を吹き込む源泉であったともいえます。

また、経験豊かな中屋敷さんに編集作業をして頂いたことが、本書の成立になくてはならないことでした。講談社学芸部ブルーバックス編集チームの髙月順一氏には、本書の企画段階から豊富な経験と知識をもとに親身のアドバイスを頂戴し、お世話になりました。本書のタイトル「植物たちの戦争──病原体との5億年サバイバルレース」は若干、挑発的な印象も受けるかもしれませんが、ありきたりで予定調和的な発想を排し、読者とともに未来へと主題を紡ぐ力を与えていると感じます。これも髙月氏のアドバイスによるものです。

なお、本書は教科書的な解説書を目指したものではないため、網羅的な体裁を志向したものにはなっていませんが、創立100年を超える日本植物病理学会に所属する多くの専門家による優れた学術成果の蓄積に依拠して成立していることは言うまでもありません。

最後に、高校生や専門課程に入る前の大学生の皆さんが、本書を通じて「植物病理学」の醍醐味を知り、この分野に進むきっかけになれば望外の喜びです。全国にある国公私立大学の農学部でさらに学びを追究されてはいかがでしょうか。あなたの発見が社会の役に立つことは間違いありません。未来は君たちの手に！

日本植物病理学会　会長
久保康之
２０１８年12月25日

執筆者紹介

（五十音順、括弧内は執筆担当部分を示す）

一瀬勇規（第3章 3-1、3-2）

1960年、静岡県生まれ。1983年岡山大学農学部卒業。理学博士。現在、岡山大学大学院環境生命科学研究科教授（遺伝子細胞工学）。専門分野は、植物病原細菌の病原性と植物の抵抗性研究

大島研郎（第6章）

1969年、東京都生まれ。1993年東京大学農学部卒業。博士（農学）。現在、法政大学生命科学部応用植物科学科教授（植物ゲノム医科学）。専門分野は、ファイトプラズマや植物病原細菌のゲノム解析および病原性メカニズムの研究

久保康之（第2章 2-2、あとがき）

1956年、大阪府生まれ。1980年京都大学農学部卒業。農学博士。現在、京都府立大学大学院生命環境科学研究科教授（植物病理学）。専門分野は、植物病原糸状菌の感染器官形成や病

原性の分子生物学研究

高野義孝（第3章 3-3、3-4）
1970年、広島県生まれ。1993年京都大学農学部卒業。博士（農学）。現在、京都大学大学院農学研究科教授（植物病理学）。専門分野は、植物病原糸状菌と植物の相互作用に関する研究

竹本大吾（第5章）
1972年、千葉県生まれ。1995年名古屋大学農学部卒業。博士（農学）。現在、名古屋大学大学院生命農学研究科准教授（植物病理学）。専門分野は、植物の病害抵抗性機構、植物共生糸状菌の共生確立機構、病原糸状菌の病原性機構などの研究

柘植尚志（第2章 2-1）
1959年、岐阜県生まれ。1982年名古屋大学農学部卒業。農学博士。現在、中部大学応用生物学部教授。専門分野は、糸状菌の植物に感染する能力（病原性）とその進化に関する研究

中屋敷均（まえがき、序章、第1章、コラム）

1964年、福岡県生まれ。1987年京都大学農学部卒業。博士（農学）。現在、神戸大学大学院農学研究科教授（細胞機能構造学）。専門分野は、植物や糸状菌を材料にした染色体外因子（ウイルスやトランスポゾン）の研究

増田税（第4章 4-2、第4章 コラム）

1958年、青森県生まれ。1981年北海道大学農学部卒業。1986年米国Purdue大学大学院植物学及び植物病理学専攻修士課程修了。農学博士。現在、北海道大学大学院農学研究院教授（植物病原学）。専門分野は、植物とウイルスの相互作用に関わるエピジェネティクス制御の研究

吉田健太郎（第4章 4-1）

1977年、島根県生まれ。2001年京都大学農学部卒業。博士（農学）。現在、神戸大学大学院農学研究科准教授（植物遺伝学）。専門分野は、植物と病原糸状菌の相互作用における分子機構と進化の研究

た行

な行

か行

さ行

さくいん

記号・数字

英字

あ行

N.D.C.615.81　262p　18cm

ブルーバックス　B-2088

植物たちの戦争
病原体との5億年サバイバルレース

2019年3月20日　第1刷発行

編著者　日本植物病理学会
発行者　渡瀬昌彦
発行所　株式会社講談社
〒112-8001　東京都文京区音羽2-12-21
電話　出版　03-5395-3524
販売　03-5395-4415
業務　03-5395-3615
印刷所　（本文印刷）豊国印刷株式会社
（カバー表紙印刷）信毎書籍印刷株式会社
本文データ制作　ブルーバックス
製本所　株式会社国宝社

定価はカバーに表示してあります。

ISBN978－4－06－515216－4

発刊のことば

科学をあなたのポケットに

二十世紀最大の特色は、それが科学時代であるということです。科学は日に日に進歩を続け、止まるところを知りません。ひと昔前の夢物語もどんどん現実化しており、今やわれわれの生活のすべてが、科学によってゆり動かされているといっても過言ではないでしょう。

そのような背景を考えれば、学者や学生はもちろん、産業人も、セールスマンも、ジャーナリストも、家庭の主婦も、みんなが科学を知らなければ、時代の流れに逆らうことになるでしょう。

ブルーバックス発刊の意義と必然性はそこにあります。このシリーズは、読む人に科学的に物を考える習慣と、科学的に物を見る目を養っていただくことを最大の目標にしています。そのためには、単に原理や法則の解説に終始するのではなくて、政治や経済など、社会科学や人文科学にも関連させて、広い視野から問題を追究していきます。科学はむずかしいという先入観を改める表現と構成、それも類書にないブルーバックスの特色であると信じます。

一九六三年九月　野間省一